AI绘画+AI摄影+AI短视频从入门到精通

新镜界 编著

中国水利水电出版社
www.waterpub.com.cn

内容提要

本书主要介绍了AI绘画、AI摄影与AI短视频创作的相关内容，从文案到图片生成、图片优化，再到视频生成，是一本全面介绍AI绘画+AI摄影+AI短视频的学习指南与实战教程。

全书分为三篇：AI绘画基础篇介绍了AI的绘画原理、生成指令、以文生图、以图生图、绘画实战等内容；AI摄影——AI绘画技能提升篇从摄影角度介绍了AI绘画作品的艺术风格、构图和光线、摄影绘画实战等内容；AI视频创作篇介绍了用文本生成视频、用图片生成视频、用视频生成视频等内容。

本书赠送了同步的学习资源：75分钟的实例同步教学视频、本书实例的AI绘画提示词、全书的素材文件和效果文件。

本书内容丰富、图片精美，讲解深入浅出，实战性强，不仅适合广大的设计师、插画师、漫画家、电商商家、自媒体工作者、摄影师、艺术工作者和广大AI绘画爱好者，也适合摄影、传媒、设计、美术、视觉传达等专业的学生。

图书在版编目（CIP）数据

AI绘画＋AI摄影＋AI短视频从入门到精通 / 新镜界编著. -- 北京 : 中国水利水电出版社, 2024.5 (2024.11重印).

ISBN 978-7-5226-2422-8

Ⅰ. ① A… Ⅱ. ①新… Ⅲ. ①图像处理软件②人工智能—应用—视频制作 Ⅳ. ① TP391.413 ② TN948.4-39

中国国家版本馆CIP数据核字（2024）第076993号

书　　名	AI绘画＋AI摄影＋AI短视频从入门到精通 AI HUIHUA + AI SHEYING + AI DUANSHIPIN CONG RUMEN DAO JINGTONG
作　　者	新镜界　编著
出版发行	中国水利水电出版社 （北京市海淀区玉渊潭南路1号D座　100038） 网址：www.waterpub.com.cn E-mail：zhiboshangshu@163.com 电话：（010）62572966-2205/2266/2201（营销中心）
经　　售	北京科水图书销售有限公司 电话：（010）68545874、63202643 全国各地新华书店和相关出版物销售网点
排　　版	北京智博尚书文化传媒有限公司
印　　刷	河北文福旺印刷有限公司
规　　格	170mm×240mm　16开本　14.25印张　322千字
版　　次	2024年5月第1版　　2024年11月第3次印刷
印　　数	6001—11000册
定　　价	79.80元

前 言

随着数字化技术的发展，AI（Artificial Intelligence，人工智能）逐渐进入各行各业，在绘画、摄影、短视频制作等多个领域都有了突破性的成绩，AI 技术在当今时代日益成为促进社会发展的中流砥柱。从智能语音助手到智能写作、绘画、摄影、短视频制作，学习 AI 技术是大势所趋。

在本书中，我们将探索 AI 如何进行绘画、摄影和短视频创作，将深入研究 AI 技术在文字处理、艺术创作和创意表达方面的潜力。无论是专业绘画艺术家、摄影师、短视频大咖，还是对这些领域感兴趣的普通读者，本书都将为您揭示 AI 技术带来的无限可能性。

本书内容

1. AI 绘画基础篇

AI 绘画基础篇主要对 AI 的绘画功能进行了讲解，从绘画原理到关键词的生成，再到生成 AI 绘画作品的整个操作流程都进行了介绍，能让零基础的读者很快学会 AI 绘画的制作方法。

（1）绘画原理：第 1 章主要为初次接触 AI 绘画的读者介绍 AI 绘画的概念及特点等内容，讲述了当今时代 AI 绘画对人类科技及文化进步方面产生的影响。另外，还对 AI 绘画的常用平台进行了介绍。

（2）生成指令：第 2 章主要对生成 AI 文案的几个平台进行了介绍，以 ChatGPT 为例介绍了如何修改指令从而获取想要的关键词，能够提升关键词的准确度。同时还讲解了提升文本内容的优化技巧，在提升关键词准确度的前提下，还能提高生成的文案质量。

（3）绘图流程：第 3 章和第 4 章主要对从文案到绘图的操作过程进行了介绍，以 Midjourney 平台为例介绍了该平台常用的 AI 绘画指令，从以文生图到以图生图，帮助读者成功绘制 AI 绘画作品。

（4）绘画实战：第 5 章以商业领域的 AI 创作为例，通过纵向 – 横向讲解相结合的方式，介绍了生成游戏插画、多种类型的海报、多种电商广告图的操作流程。

2. AI 摄影：AI 绘画技能提升篇

AI 摄影日益成为全球视觉艺术领域的热门话题，本篇主要从 AI 摄影的角度来讲解 AI 绘画技能提升的相关知识，可以帮助读者了解生成 AI 摄影作品需要的关键词。另外，第 8 章为读者提供了案例实战讲解。

（1）摄影指令：第 6 章和第 7 章主要对生成 AI 摄影需要的关键词进行了全方位介绍，包括艺术风格类型、渲染品质、出图品质、构图视角、镜头景别、构图法则、摄影光线等多个方面的关键词，让读者能够根据关键词生成所需要的作品。

（2）**摄影实战：**第 8 章介绍了 AI 摄影绘画作品的基础操作流程和进阶操作流程，同时对其他类型的 AI 摄影作品进行了横向的案例讲解，为读者提供了多种类型的案例实战作品。

3. AI 视频创作篇

AI 视频创作篇对生成 AI 视频的三种方式进行了介绍，从用文本生成视频、用图片生成视频到用视频生成视频多方位进行 AI 视频的制作，帮助读者学习 AI 视频、制作 AI 视频。

（1）**用文本生成视频：**第 9 章主要介绍了用文本生成 AI 视频的方式，从视频脚本文案的生成，到利用剪映电脑版的相关功能生成视频的整个操作步骤都进行了讲解。

（2）**用图片生成视频：**第 10 章主要介绍了用图片生成 AI 视频的方式，包括剪映 App、必剪 App、快影 App 三款手机剪辑软件的多种视频生成功能，展现了用图片生成 AI 视频的多种可能。

（3）**用视频生成视频：**第 11 章以剪映电脑版为例，对常用的几种用视频生成视频的方式进行了案例展示，具体包括使用“模板”功能生成视频和添加素材包剪辑视频，通过多种功能的案例讲解，帮助读者更好地运用剪映电脑版进行视频生成。

本书特色

1. 配套实例视频讲解，手把手教学

本书配备了 69 个实例操作的同步讲解视频，读者可以边学边看，如同老师在身边手把手教学，帮助读者轻松高效地学习。

2. 扫一扫二维码，随时随地看视频

本书在每个实例处都放置了二维码，使用手机微信扫一扫，可以随时随地在手机上观看教学视频。

3. 本书内容全面，短期内快速上手

本书知识体系完整，涵盖了常用的 AI 绘画、AI 摄影和 AI 短视频工具的工作原理、技术应用和案例实战，采用“知识点 + 实操”的模式编写，循序渐进地教学，让读者轻松学习，短期内快速上手。

4. 提供实例素材，配套资源完善

为了方便读者对本书实例的学习，本书提供了书中实例的关键词、素材文件和效果文件，帮助读者掌握本书中实例的创作思路和制作方法，查看效果与对比学习。

特别提示

（1）**版本更新：**本书在编写时，是基于当前各种 AI 工具和软件的界面截取的实际操作图片，但本书从编辑到出版需要一段时间，这些工具的功能和界面可能会有所变动。在阅读时，请根据书中的思路举一反三进行学习。其中，ChatGPT 为 3.5 版本，Midjourney 为 5.1 版本，剪映电脑版为 4.1.0 版本，剪映 App 为 10.5.0 版本，必剪 App 为 2.37.2 版本，快影 App 为 V5.99.9.5999.02 版本。

（2）**关键词的使用：**在 Midjourney 中，尽量使用英文关键词。对于英文关键词的格式没有太多要求，如单词首字母大小写不用统一、单词顺序不用太讲究等。但需要注意的是，

每个关键词中间最好添加空格或逗号，同时所有的标点符号都要使用英文字体。最后再提醒一点，即使是相同的关键词，AI 工具每次生成的文案、图片或视频内容也会有差别。这是软件基于算法与算力得出的新结果，是正常的，所以读者看到书里的截图与视频可能有所区别，包括读者使用同样的提示词，自己再制作时，生成的效果也会有差异。

资源获取

为了帮助读者更好地学习与实践本书知识，本书附赠了丰富的学习资源，包括本书的75 分钟的同步教学视频、本书实例的 AI 绘画提示词、全书素材文件和效果文件。

另外，为了拓展读者的视野，增强实战应用技能，本书额外赠送 10 大类 5200 例 AI 绘画实例及其提示词，同时提供 AI 工具的安装教程，帮助读者轻松掌握和拓展 AI 绘画应用。

读者使用手机微信扫一扫下面的公众号二维码，关注后输入 A2422 至公众号后台，即可获取本书相应资源的下载链接。将该链接复制到计算机浏览器的地址栏中（一定要复制到计算机浏览器的地址栏中），根据提示进行下载。 读者可加入本书的读者交流圈，与其他读者学习交流，或查看本书的相关资讯。

设计指北公众号

读者交流圈

本书由新镜界组织编导，参与编写的人员还有刘阳洋等人，在此一并表示感谢。由于作者知识水平有限，书中难免存在疏漏之处，敬请广大读者批评、指正。

编　者

目 录

【AI 绘画基础篇】

【AI 视频创作篇】

【AI 绘画基础篇】

第1章 绘画原理：揭秘AI绘画技术和算法

本章要点

AI绘画的出现给传统艺术带来了新的挑战，同时也为艺术创作带来了更多的可能性。虽然AI绘画目前还在开发阶段，但它的出现无疑为我们的生活增添了一分色彩，随着技术不断地进步，AI绘画也会更加令人向往。

1.1 初步认识AI绘画

AI（Artificial Intelligence，人工智能）绘画是指利用人工智能技术（如神经网络、深度学习等）进行绘画创作的过程，它是由一系列算法设计出来的，通过训练和输入数据进行图像生成与编辑。

使用AI技术可以将人工智能应用到艺术创作中，让AI程序完成艺术的绘制部分。通过这项技术，计算机可以学习艺术风格并使用这些知识创作全新的艺术作品，本节将介绍AI绘画的相关基础知识。

1.1.1 AI绘画的含义

AI绘画是一种新型的绘画方式。人工智能通过学习人类艺术家创作的作品，对其进行分类与识别，然后生成新的图像。只需输入简单的指令，就可以让AI自动化地生成各种类型的图像，从而创造出具有艺术美感的绘画作品，如图1.1所示。

图1.1 AI绘画作品

AI绘画主要分为两步，首先是对图像进行分析与判断，其次对图像进行处理和还原。

人工智能通过不断地学习，如今已经达到只需输入简单易懂的文字，就可以在短时间内生成效果不错的画面，甚至能根据使用者的要求对画面进行调整，如图1.2所示。

图 1.2　调整前与调整后的画面

AI 绘画的优势不仅体现在提高创作效率和降低创作成本，还在于为用户带来了更多的可能性。

1.1.2　AI 绘画的溯源

早在 20 世纪 50 年代，人工智能的先驱们就开始研究如何用计算机产生视觉图像，但早期的实验主要集中在简单的几何图形和图案的生成方面。随着计算机性能的提高，人工智能开始涉及更复杂的图像处理和图像识别任务（图 1.3），研究者们开始探索将机器视觉应用于艺术创作中。

图 1.3　使用 AI 绘画进行复杂图像处理

直到生成对抗网络（generative adversarial networks, GAN）的出现，AI 绘画的发展速度逐渐开始加快。随着深度学习技术的不断发展，AI 绘画开始迈向更高的艺术水平。由于神经网络可以模仿人类大脑的工作方式，它们能够学习大量的图像和艺术作品并将其应用于创作新的艺术作品中。

到如今，AI 绘画的应用越来越广泛。除了绘画和艺术创作外，它还可以应用于游戏开发、虚拟现实以及 3D 建模等领域（图 1.4）。同时，也出现了一些 AI 绘画的商业化应用，如将 AI 生成的图像印制在画布上进行出售。

图 1.4　使用 AI 绘画绘制游戏开发效果

总之，AI 绘画是一个快速发展的领域，在提供更高质量设计服务的同时，将全球的优秀设计师与客户联系在一起，为设计行业带来了创新性的变化，未来还有更多探索和发展的空间。

1.1.3　AI 绘画的特点

AI 绘画具有快速、高效、自动化等特点，它的技术特点主要在于能够利用人工智能技术和算法对图像进行处理和创作，实现艺术风格的融合和变换，提升用户的绘画创作体验。AI 绘画的技术特点包括以下几个方面。

（1）图像生成：利用生成对抗网络、变分自编码器（variational auto encoder，VAE）等技术生成图像，实现从零开始创作新的艺术作品。

（2）风格转换：利用卷积神经网络（convolutional neural networks，CNN）等技术将一张图像的风格转换成另一张图像的风格，从而实现多种艺术风格的融合和变换。图 1.5 所示为使用 AI 绘画创作的新疆胡杨树风光图，图 1.5（a）所示为写实风格，图 1.5（b）所示为油画风格。

（a）写实风格

（b）油画风格

图 1.5　新疆胡杨树风光图

（3）自适应着色：利用图像分割、颜色填充等技术，让计算机自动为线稿或黑白图像添加颜色和纹理，从而实现图像的自动着色。

（4）图像增强：利用超分辨率（super-resolution）、去噪（noise reduction）等技术，可以大幅提高图像的清晰度和质量，使艺术作品更加逼真、精细。对于图像增强技术，后面还会有更详细的介绍，此处不再赘述。

温馨提示

超分辨率技术是通过硬件或软件提高原有图像的分辨率，通过一系列低分辨率的图像得到一幅高分辨率的图像的过程就是超分辨率重建。

去噪技术是通信工程术语，是一种从信号中去除噪声的技术。图像去噪就是去除图像中的噪声，从而恢复真实的图像效果。

（5）监督学习和无监督学习：利用监督学习（supervised learning）和无监督学习（unsupervised learning）等技术，对艺术作品进行分类、识别、重构、优化等处理，从而实现对艺术作品的深度理解和控制。

温馨提示

监督学习也称为监督训练或有教师学习，它是利用一组已知类别的样本调整分类器的参数，使其达到所要求性能的过程。

无监督学习是指根据类别未知（没有被标记）的训练样本解决模式识别中的各种问题。

1.1.4　AI 绘画的技术原理

前面简单介绍了 AI 绘画的技术特点，下面将深入探讨 AI 绘画的技术原理，帮助大家进一步了解 AI 绘画，这有助于大家更好地理解 AI 绘画是如何实现绘画创作的，以及它如何通过不断学习和优化提高绘画的质量。

1. 生成对抗网络技术

AI绘画的技术原理主要是生成对抗网络。生成对抗网络是一种无监督学习模型，可以模拟人类艺术家的创作过程，从而生成高度逼真的图像效果。

生成对抗网络通过训练两个神经网络生成逼真的图像。其中，一个生成器（generator）网络用于生成图像，另一个判别器（discriminator）网络用于判断图像的真伪并反馈给生成器网络。

生成对抗网络的目标是通过训练两个模型的对抗学习，生成与真实数据相似的数据样本，从而逐渐生成越来越逼真的艺术作品。生成对抗网络模型的训练过程可以简单描述为图1.6所示的4个步骤。

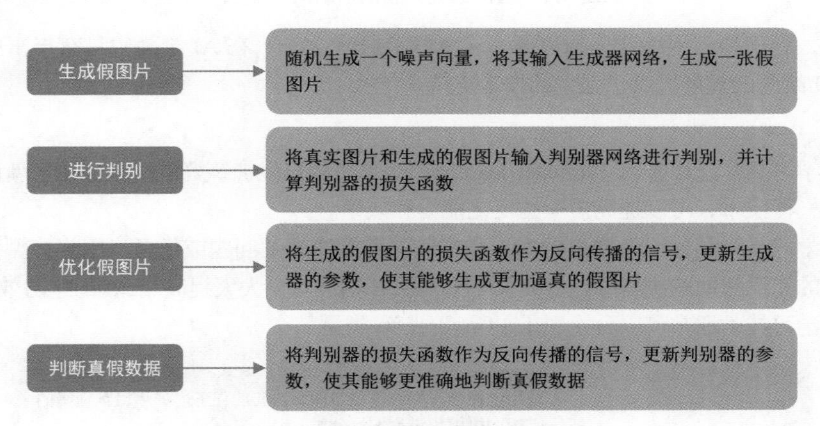

图1.6 生成对抗网络模型的训练过程

生成对抗网络模型的优点在于能够生成与真实数据非常相似的假数据，同时具有较高的灵活性和可扩展性。

2. 卷积神经网络技术

卷积神经网络可以对图像进行分类、识别和分割等操作，同时也是实现风格转换和自适应着色的重要技术之一。卷积神经网络在AI绘画中起着重要的作用，主要表现在以下几个方面。

（1）图像分类和识别：卷积神经网络可以对图像进行分类和识别，通过对图像进行卷积（convolution）和池化（pooling）等操作，提取出图像的特征，最终进行分类或识别。在AI绘画中，卷积神经网络可以用于对绘画风格进行分类，或对图像中的不同部分进行识别和分割，从而实现自动着色或图像增强等操作。

（2）图像风格转换：卷积神经网络可以通过将两个图像的特征进行匹配，实现将一张图像的风格应用到另一张图像上。在AI绘画中，可以通过卷积神经网络实现将一个艺术家的绘画风格应用到另一张图像上，生成具有特定艺术风格的图像。

（3）图像生成和重构：卷积神经网络可以用于生成新的图像，或对图像进行重构。在AI绘画中，可以通过卷积神经网络实现对黑白图像的自动着色，或对图像进行重构和增强，提高图像的质量和清晰度。

（4）图像降噪和杂物去除：在AI绘画中，可以通过卷积神经网络实现去除图像中的噪点和杂物，从而提高图像的质量和视觉效果。图 1.7 所示为去除远处人物的前后对比效果。

图 1.7　去除远处人物的前后对比效果

总之，卷积神经网络作为深度学习中的核心技术之一，在 AI 绘画中具有丰富的应用场景，为 AI 绘画的发展提供了强大的技术支持。

3. 转移学习技术

转移学习又称迁移学习（transfer learning），它是将已经训练好的模型应用于新的领域或任务中的一种技术，可以提高模型的泛化能力和效率。

转移学习是指利用已经学过的知识和经验帮助解决新的问题或任务，因为模型可以利用已经学到的知识帮助解决新的问题，而不必从头开始学习，大大提高了 AI 的学习效率。

转移学习技术通常可以分为图 1.8 所示的三种类型。

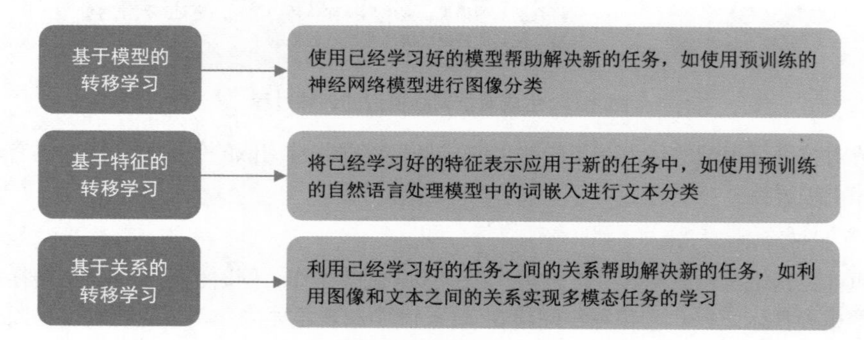

图 1.8　转移学习技术的三种类型

转移学习技术在多个领域中都有广泛的应用，如计算机视觉、自然语言处理和推荐系统等。

4. 图像分割技术

图像分割是将一张图像划分为多个不同区域的过程，每个区域具有相似的像素值或语义信息。

图像分割在计算机视觉领域一直都有广泛的应用，如目标检测、自动着色、图像语义分割、医学影像分析、图像重构等。图像分割技术可以分为图 1.9 所示的四种类型。

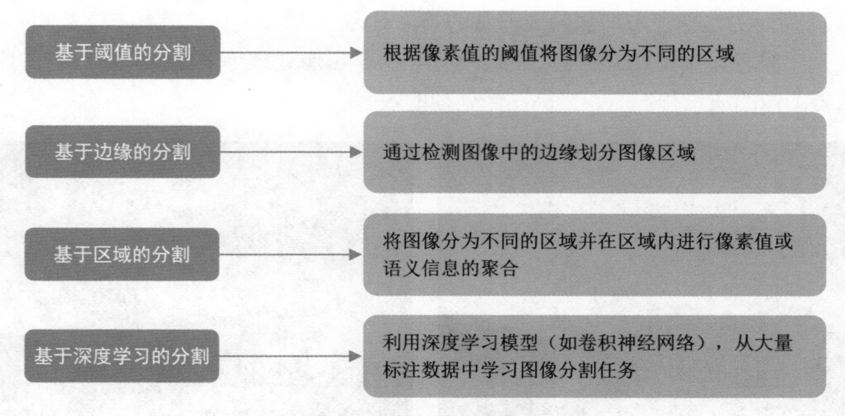

图 1.9　图像分割技术的四种类型

在实际应用中，基于深度学习的分割技术往往表现出较好的效果，尤其在语义分割等高级任务中。同时，对于特定领域的图像分割任务（如医学影像分割），还需要结合领域知识和专业的算法以实现更好的效果。

5. 图像增强技术

图像增强是指对图像进行增强操作，使其更清晰、更明亮、色彩更鲜艳或更易于分析。图像增强可以改善图像的质量，提高图像的可视性和识别性能。图 1.10 所示为常见的图像增强方法。

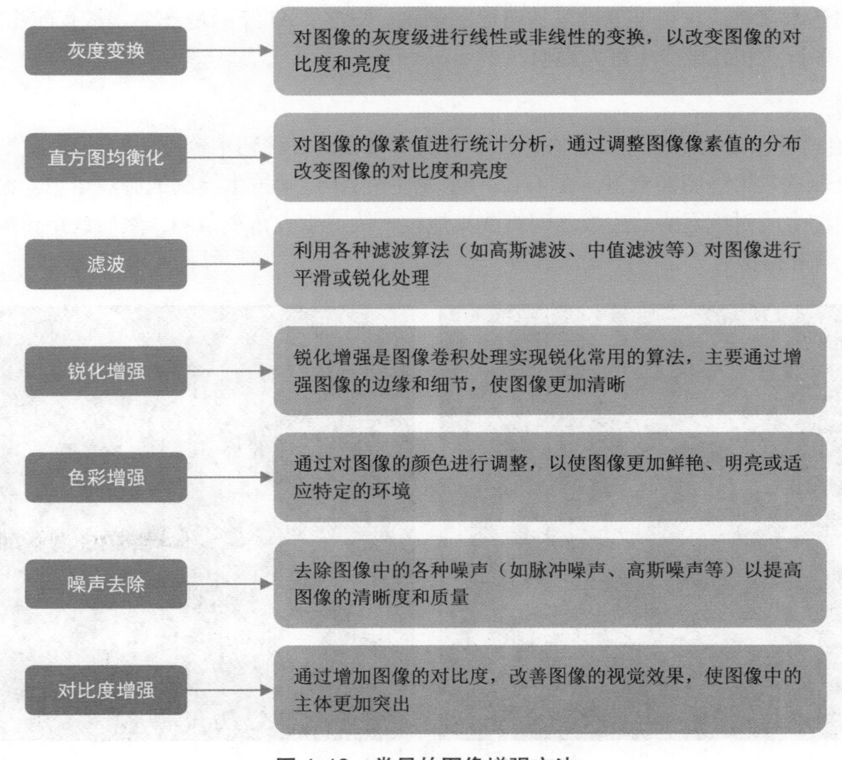

图 1.10　常见的图像增强方法

图 1.11 所示为图像色彩增强处理前后的效果对比。

总之，图像增强在计算机视觉、图像处理、医学影像处理等领域都有着广泛的应用，可以帮助改善图像的质量和性能，提高图像处理的效率。

图 1.11　图像色彩增强处理前后的效果对比

1.1.5　AI 绘画的应用领域

AI 绘画在近年来得到了越来越多的关注和研究，其应用领域也越来越广泛，包括游戏开发、电影和动画、设计和广告、数字艺术等。AI 绘画不仅可以用于生成各种形式的艺术作品，包括素描、水彩画、油画、立体艺术等，还可以用于自动生成艺术作品的创作过程，从而帮助艺术家更快、更准确地表达自己的创意。总之，AI 绘画是一个非常有前途的领域，将会对许多行业和领域产生重大影响。

1. 游戏开发领域

AI 绘画可以帮助游戏开发者快速生成游戏中需要的各种艺术资源，如人物角色、环境、场景以及视觉效果等图像素材。图 1.12 所示为使用 AI 绘画技术绘制的游戏角色。游戏开发者可以通过生成对抗网络的生成器网络或其他技术快速生成角色草图，然后使用传统绘画工具进行优化和修改。

图 1.12　使用 AI 绘画技术绘制的游戏角色

2. 电影和动画领域

AI绘画技术在电影和动画制作中有着越来越广泛的应用，可以帮助电影和动画制作人员快速生成各种场景与进行角色设计，以及特效和后期制作。图1.13所示为使用AI绘画技术生成的环境和场景设计图，这些图可以帮助制作人员更好地规划电影和动画的场景与布局。

图1.13 使用AI绘画技术生成的环境和场景设计图

图1.14所示为使用AI绘画技术生成的角色设计图，这些图可以帮助制作人员更好地理解角色，从而精准地塑造角色形象和个性。

图1.14 使用AI绘画技术生成的角色设计图

3. 设计和广告领域

在设计和广告领域，使用AI绘画技术可以提高设计效率和作品质量，促进广告内容的多样化发展，增强产品设计的创造力和展示效果，以及提供更加智能、高效的用户交互体验。AI绘画技术可以帮助设计师和广告制作人员快速生成各种平面设计和宣传资料，如广告海报、宣传图等图像素材。图1.15所示为使用AI绘画技术绘制的音箱广告图。

图 1.15　使用 AI 绘画技术绘制的音箱广告图

AI 绘画技术还可以用于生成虚拟的产品样品，如图 1.16 所示，在产品设计阶段可以帮助设计师更好地进行设计和展示，并获取反馈和修改意见。

图 1.16　使用 AI 绘画技术绘制的产品样品图

4. 数字艺术领域

AI 绘画成了数字艺术的一种重要形式，艺术家可以利用 AI 绘画的技术特点，创作出具有独特性的数字艺术作品，如图 1.17 所示。AI 绘画的发展对于数字艺术的推广有着重要的作用，它推动了数字艺术的创新。

图 1.17　使用 AI 绘画技术绘制的数字艺术作品

1.2 了解AI绘画产生的影响

AI绘画的出现，对人类的各个领域都产生了很大的影响，随着技术的不断进步，它也将会在各个领域发挥越来越重要的作用。本节将详细介绍AI绘画产生了哪些影响。

1.2.1 提升美术生产效率

AI绘画技术的发展可以提升美术生产效率。通过使用AI技术，美术家们可以更快地制作精美的艺术作品。因此，美术行业的生产效率也会提升，这在一定程度上推动了美术行业的发展。

其中，图1.18所示为使用生成对抗网络技术生成的高质量图像。这种技术可以根据输入的图像生成高度类似的图像。

图1.18 使用生成对抗网络技术生成的高质量图像

使用AI绘画技术可以快速地创作出新的艺术作品，并且在不同风格之间进行转换。这意味着美术家们可以更快地制作出作品，同时不必在细节方面花费太多时间。

图1.19所示是使用AI绘画技术自动化完成一些烦琐的任务，如填充颜色和细节，从而使美术家们可以更快地完成作品。

总体来说，AI绘画技术可以帮助美术家们提高生产力，减少他们在一些烦琐任务上的时间和精力的投入，从而让他们有更多的时间和精力去创作更多的艺术作品。

图 1.19　使用 AI 绘画技术填充颜色和细节

1.2.2　推动市场发展

随着越来越多的 AI 绘画作品流入市场，传统的绘画作品面临着新的竞争，这也推动了艺术市场的发展。下面将举例说明具体表现在哪些方面。

（1）自动化创作：AI 绘画技术可以自动生成艺术作品，减少艺术家的创作时间和成本。这使更多人可以参与艺术创作，进一步扩大了艺术市场。

（2）个性化服务：AI 绘画技术可以分析个人的品位和偏好，并且能够生成符合这些偏好的艺术作品，如图 1.20 所示。在满足更多人需求的同时，推动市场的发展。

图 1.20　AI 绘画技术根据偏好生成的艺术作品

（3）艺术品评估：AI 绘画技术还可以用于艺术作品的评估和鉴定。这使市场更加透明和公正，消除了一些市场上可能存在的欺诈行为。

（4）创新创作：AI 绘画技术为艺术家带来了新的创作思路和方式，使艺术作品更具创意和独特性。这也使市场更加丰富多样，推动了市场的发展。

1.2.3　拓展创造力

AI 绘画技术在很大程度上可以拓展创造力，下面将举例说明具体表现在哪些方面，如图 1.21 所示。

总之，AI 绘画技术可以为创造力的拓展提供很多机会和可能性，它不仅可以作为工具帮助人们创作，而且可以作为启发和灵感的源泉激发人们的创造力。

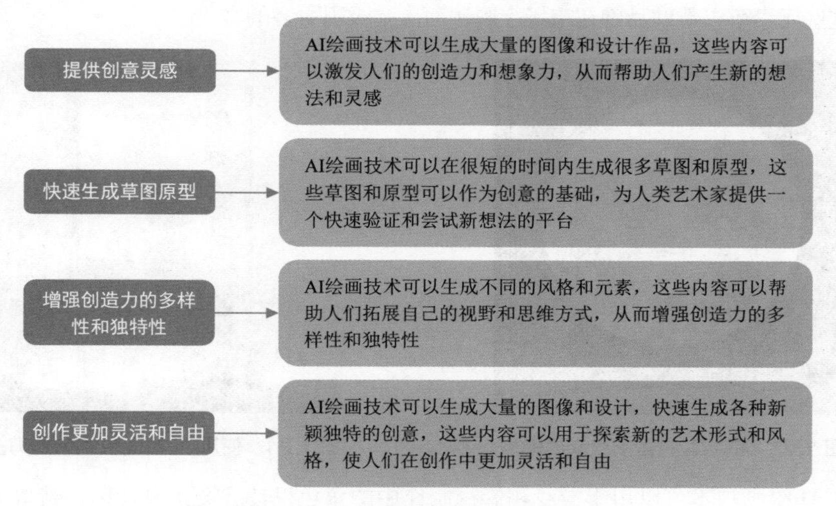

图 1.21　AI 绘画技术对创造力的拓展

1.2.4　完善艺术教育

随着技术不断地发展与进步，AI 绘画技术也将在艺术教育这一领域发挥越来越重要的作用，下面将举例说明具体表现在哪些方面，如图 1.22 所示。

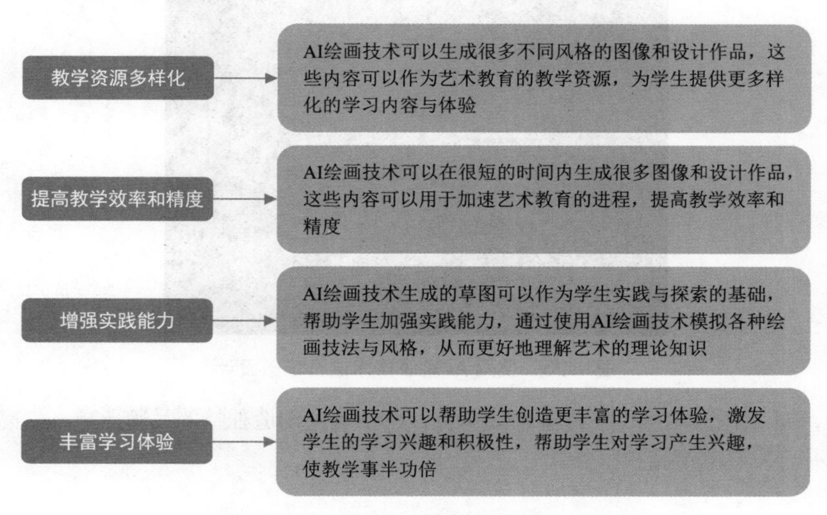

图 1.22　AI 绘画技术对艺术教育的完善

1.2.5　提供商业价值

AI 绘画技术不仅可以提高美术生产力，还可以给商业带来价值。

（1）通过 AI 绘画技术，可以快速地制作定制工艺品，生成客户需要的图像，以满足客户的需求，如图 1.23 所示。

（2）AI 绘画技术可以为品牌创造独特的视觉元素，如标志、图标和海报等，如图 1.24 所示。这些元素可以帮助品牌在市场上脱颖而出并吸引更多的客户。

图 1.23　根据客户需求生成的图像

图 1.24　使用 AI 绘画技术制作海报

（3）AI 绘画技术可以用于游戏和影视制作中的角色设计、场景设计以及特效制作，如图 1.25 所示。这些技术大大减少了制作时间和成本，同时提高了视觉效果。

图 1.25　使用 AI 绘画技术进行场景设计

总之，AI 绘画技术提供了许多商业机会，帮助公司创造独特的品牌形象，提高生产力、减少成本并开发新的产品和服务。

1.2.6　促进文化交流

AI 绘画技术不仅推动了艺术市场的发展，同时也促进了全球文化的交流。下面将举例说明具体表现在哪些方面，如图 1.26 所示。

AI 绘画技术促进了全球文化交流，使艺术更加国际化和更具包容性。这也为不同地区之间的文化交流和相互了解提供了新的机遇与平台。

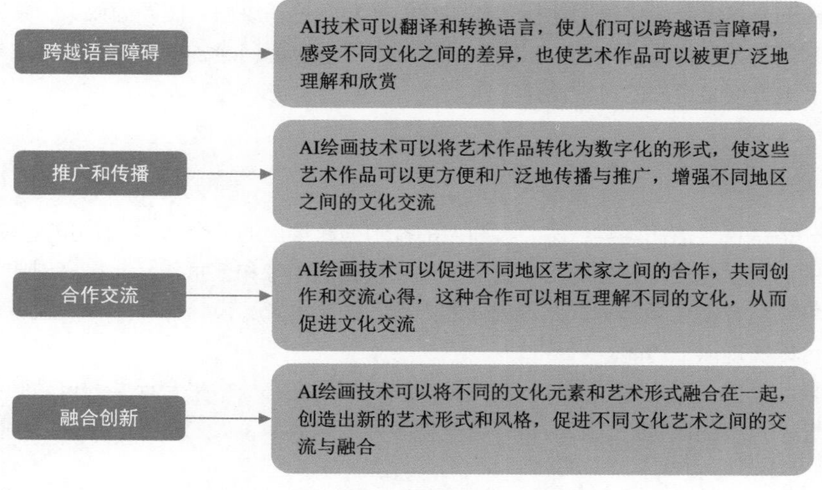

图 1.26　AI 绘画技术对文化交流的促进

1.3　掌握 AI 绘画的常用平台

如今，AI 绘画平台和工具的种类非常多，用户可以根据自己的需求选择合适的平台和工具进行绘画创作。本节将介绍 6 个比较常见的 AI 绘画平台和工具。

1.3.1　Midjourney

Midjourney 是一款基于 AI 技术的绘画工具，它能够帮助艺术家和设计师更快速、更高效地创建数字艺术作品。Midjourney 提供了各种绘画工具和指令，用户只要输入相应的关键词和指令，就能通过 AI 算法生成相对应的图片，只需不到 1min 的时间。图 1.27 所示为使用 Midjourney 绘制的作品。

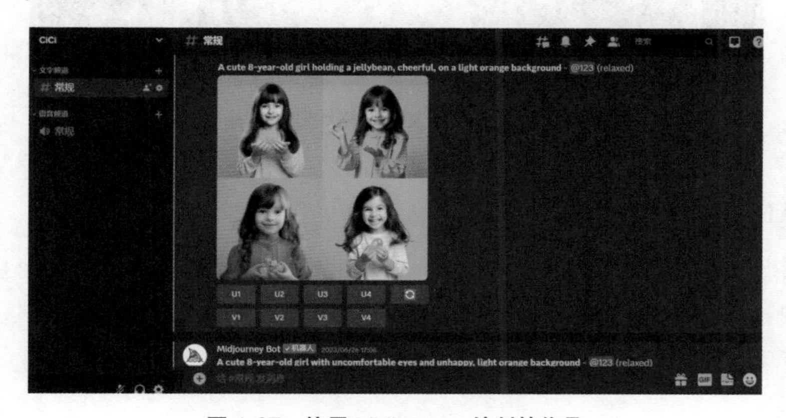

图 1.27　使用 Midjourney 绘制的作品

Midjourney 具有智能化绘图功能，能够智能推荐颜色、纹理、图案等元素，帮助用户轻松创作出精美的绘画作品。同时，Midjourney 可以用来快速创建各种有趣的视觉效果和艺术作品，极大地方便了用户的日常设计工作。

1.3.2 文心一格

文心一格是百度依托飞桨、文心大模型的技术创新推出的一个 AI 艺术和创意辅助平台，利用飞桨的深度学习技术，帮助用户快速生成高质量的图像和艺术作品，提高创作效率和创意水平，特别适合需要频繁进行艺术创作的人群，如艺术家、设计师和广告从业者等。文心一格平台可以实现以下功能。

（1）自动画像：用户可以上传一张图片，然后使用文心一格平台提供的自动画像功能将其转换为艺术风格的图片。文心一格平台支持多种艺术风格，如二次元、漫画、插画和像素艺术等。

（2）智能生成：用户可以使用文心一格平台提供的智能生成功能，生成各种类型的图像和艺术作品。文心一格平台使用深度学习技术，能够自动学习用户的创意（即关键词）和风格，生成相应的图像和艺术作品。

（3）优化创作：文心一格平台可以根据用户的创意和需求，对已有的图像和艺术作品进行优化和改进。用户只需输入自己的想法，文心一格平台就可以自动分析和优化相应的图像和艺术作品。

图 1.28 所示为使用文心一格绘制的作品。

图 1.28　使用文心一格绘制的作品

1.3.3 AI 文字作画

AI 文字作画是由百度智能云智能创作平台推出的一个图片创作工具，能够基于用户输入的文本内容智能生成不限风格的图像，如图 1.29 所示。通过 AI 文字作画工具，用户只需简单输入一句话，AI 就能根据语境生成不同的作品。

图 1.29 使用 AI 文字作画生成的图像

1.3.4 ERNIE-ViLG

ERNIE-ViLG 是由百度文心大模型推出的一个 AI 作画平台，采用基于知识增强算法的混合降噪专家建模，在 MS-COCO（文本生成图像公开权威评测集）和人工盲评上均超越了 Stable Diffusion、DALL-E 2 等模型；在语义可控性、图像清晰度、文化理解等方面展现出了显著优势。

ERNIE-ViLG 通过视觉、语言等多源知识指引扩散模型学习，强化文图生成扩散模型对于语义的精确理解，以提升生成图像的可控性和语义一致性。

同时，ERNIE-ViLG 引入基于时间步的混合降噪专家模型提升模型建模能力，让模型在不同的生成阶段选择不同的降噪专家网络，从而实现更加细致的降噪任务建模，提升生成图像的质量。图 1.30 所示为使用 ERNIE-ViLG 生成的图像。

图 1.30 使用 ERNIE-ViLG 生成的图像

另外，ERNIE-ViLG 使用多模态的学习方法，融合了视觉和语言信息，可以根据用户提供的描述或问题生成符合要求的图像。同时，ERNIE-ViLG 还采用了先进的生成对抗网络技术，可以生成具有高保真度和多样性的图像，并且在多个视觉任务上取得了出色的表现。

1.3.5 Stable Diffusion

Stable Diffusion 是一个基于 AI 技术的绘画工具，支持一系列自定义功能，可以根据用户的需求调整颜色、笔触、图层等参数，从而帮助艺术家和设计师创建独特、高质量的艺术作品。与传统的绘画工具不同，Stable Diffusion 可以自动控制颜色、线条和纹理的分布，从而创建出非常细腻、逼真的画作，如图 1.31 所示。

图 1.31　使用 Stable Diffusion 生成的画作

1.3.6　Deep Dream Generator

Deep Dream Generator 是一款使用 AI 技术生成艺术风格图像的在线工具，它使用卷积神经网络算法生成图像，这种算法可以学习一些特定的图像特征，并利用这些特征创建新的图像，如图 1.32 所示。

Deep Dream Generator 的使用方法非常简单，用户只需上传一张图像，然后选择想要的艺术风格和生成的图像大小。接下来，Deep Dream Generator 将使用卷积神经网络对用户上传的图像进行处理，并生成一张新的艺术风格的图像。同时，用户还可以通过调整不同的参数控制生成的图像的细节和外观。

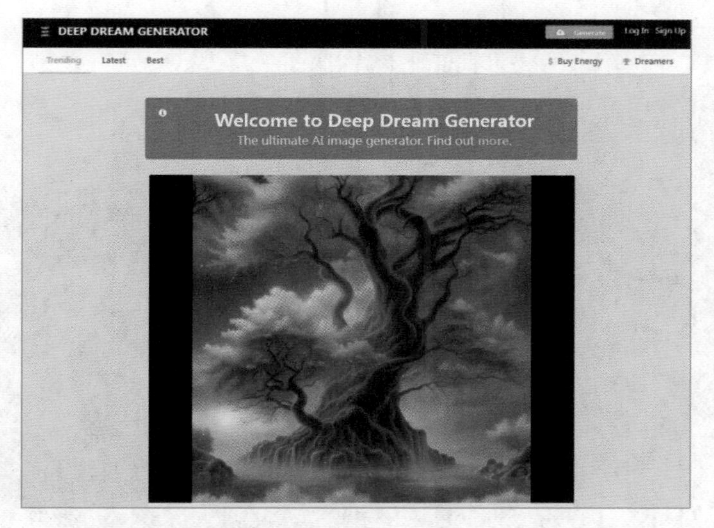

图 1.32　使用 Deep Dream Generator 生成的图像

本章小结

本章首先向读者介绍了 AI 绘画的基础知识，包括 AI 绘画的含义、溯源、特点、技术原理以及应用领域等内容；然后介绍了 AI 绘画产生的影响，以及 AI 绘画的常用平台，包括 Midjourney、文心一格、AI 文字作画、ERNIE-ViLG、Stable Diffusion 及 Deep Dream Generator。通过对本章的学习，读者能对 AI 绘画有一个基本的了解。

课后习题

鉴于本章知识的重要性，为了帮助读者更好地掌握所学知识，下面将通过课后习题，帮助读者进行简单的知识回顾和补充。

1. 什么是 AI 绘画？你在哪些场景中见过 AI 绘画？
2. 你认为 AI 绘画带给人类社会的进步是利大于弊，还是弊大于利？

生成指令：利用 ChatGPT 获取关键词

第2章

本章要点

AI 技术生成文案是如今互联网时代的一大流行趋势，并且随着研究的深入，其传播与应用会越来越广泛，了解 AI 文案、熟练运用关键词、让 ChatGPT 更加精准地获取需要的文案内容，是掌握 AI 技术的关键。本章将对 AI 文案工具以及关键词的使用技巧进行介绍。

2.1 热门的四大写作工具

AI 写作工具是指用于写作方面的智能编辑器。文案创作、软文编写、公文写作、脚本撰写等与文字书写相关的工作都能够通过 AI 写作工具完成，高效且有一定的参考价值。本节将介绍一些实用且热门的 AI 写作工具。

2.1.1 ChatGPT

ChatGPT 是一种基于人工智能技术的聊天机器人，它使用了自然语言处理和深度学习等技术，可以进行自然语言的对话，回答用户提出的各种问题（图 2.1）并提供相关的信息和建议。

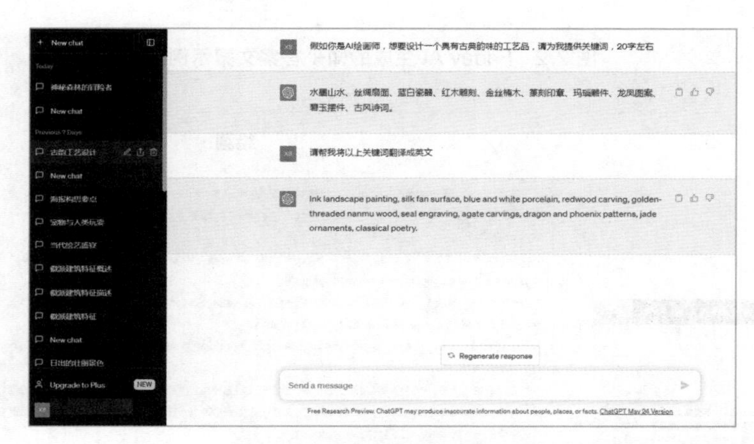

图 2.1　ChatGPT 能够回答用户提出的各种问题

ChatGPT 的核心算法基于 GPT（generative pre-trained transformer，生成式预训练转换）模型，这是一种由人工智能研究公司 OpenAI 开发的深度学习模型，可以生成自然语言的文本。

ChatGPT 可以与用户进行多种形式的交互，如文本聊天、语音识别、语音合成等。ChatGPT 可以应用在多种场景中，如客服、语音助手、教学、娱乐等，帮助用户解决问题，提供娱乐和知识服务。

2.1.2 Friday AI

Friday AI 是一款智能生成内容的工具，能够帮助文字工作者轻松地创作内容。Friday AI 涉猎于社媒写作、短视频、电商、营销广告、文学等多个领域，提供文本的改写、翻新、批量生成，AI 绘画描述词生成，自定义输入，小红书文案生成，新媒体推文写作，营销软文写作，论文大纲，短视频文案等多种内容模板，以满足不同用户的需求。

图 2.2 所示为 Friday AI 生成的知乎答案文案示例；图 2.3 所示为使用 Friday AI“长篇文章”功能生成的文章示例。

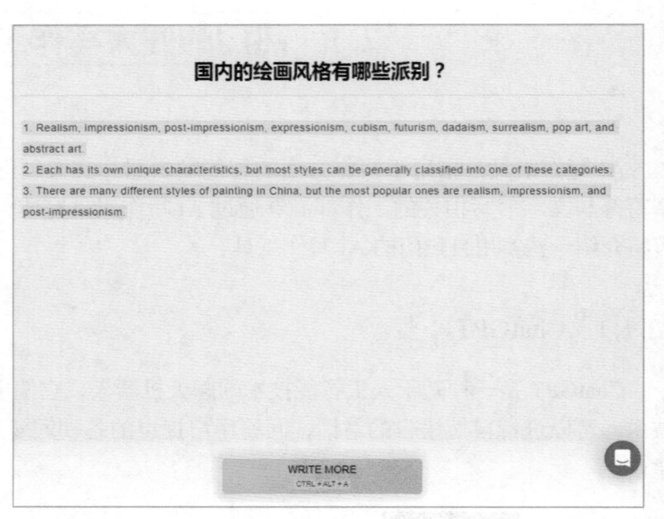

图 2.2　Friday AI 生成的知乎答案文案示例

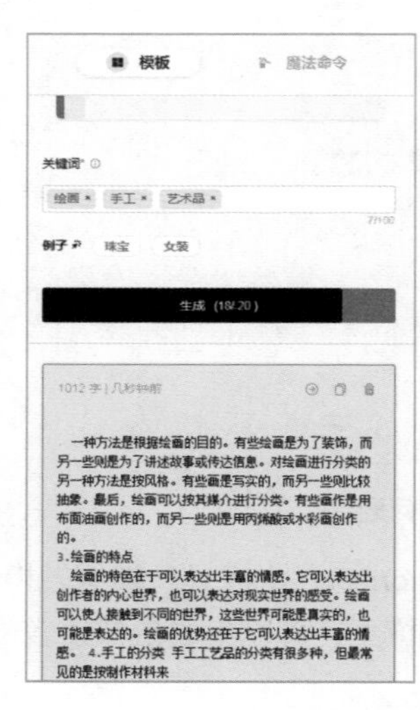

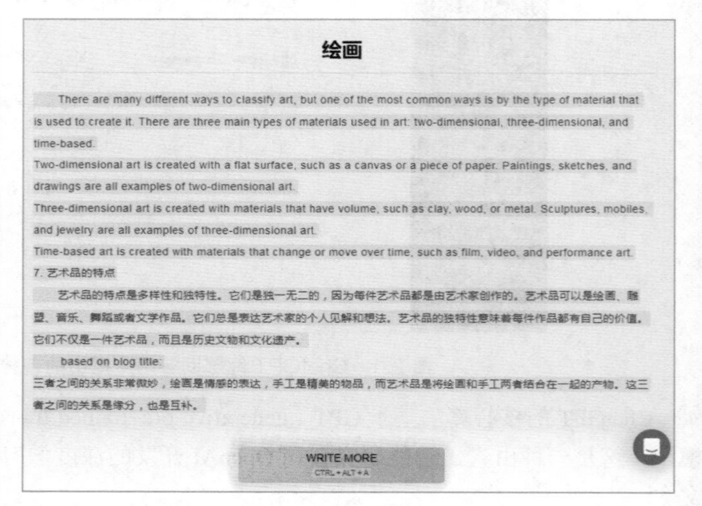

图 2.3　使用 Friday AI“长篇文章”功能生成的文章示例

2.1.3　腾讯 Effidit

腾讯 Effidit（efficient and intelligent editing，高效智能编辑）是腾讯 AI Lab（人工智能实验室）开发的一款创意辅助工具，可以提高用户的写作效率和创作体验。Effidit 的功能包括智能纠错、短语补全、文本续写、句子补全、短语润色、例句推荐、论文检索、翻译等。图 2.4 所示为腾讯 Effidit 的句

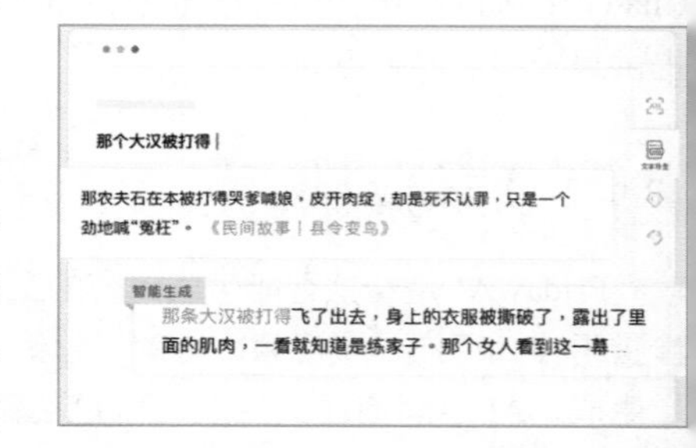

图 2.4　腾讯 Effidit 的句子补全功能示例

子补全功能示例。

腾讯 Effidit 有两大特色，一是页面简洁干净，整体色调以白色为主，给人以舒适感，且功能分模块展示，选项简单便于操作；二是功能较多，提供关键词生成句子、句子改写与续写、文本纠错与润色等一站式写作服务，实用性很强。

2.1.4 AI 创作王

与上述 AI 工具的功能相差无几，AI 创作王也是一款致力于内容创作的智能工具，其分为“社媒创作”“商业营销”“工作效率”和“生活娱乐”四大功能区，这些功能区聚集了热门文案的写作需求和不同场景下的文案需求，如“社媒创作”功能区中提供了小红书文案的拟写、今日头条文章的撰写、一键生成微博推文、短视频口播稿的创作等，力求帮助有需要的人解决工作难题，提高工作效率。

AI 创作王的优势：一是功能覆盖面广，包括社媒、营销、办公和生活娱乐等多种内容创作，能够满足大多数的场景需求；二是通过手机的公众号窗口便可操作，方便快捷。图 2.5 所示为 AI 创作王通过“公众号创作”功能生成的文章示例。

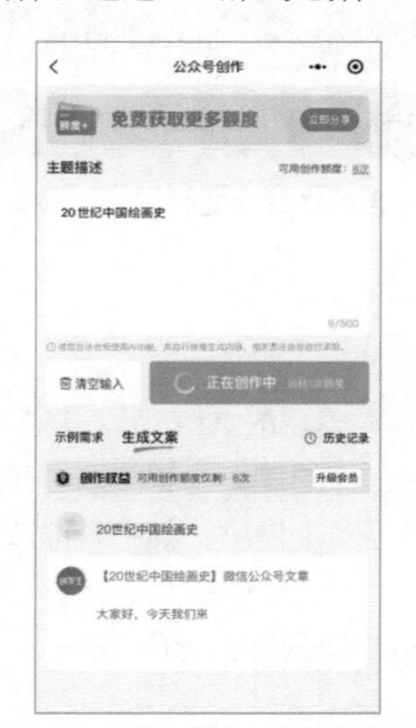

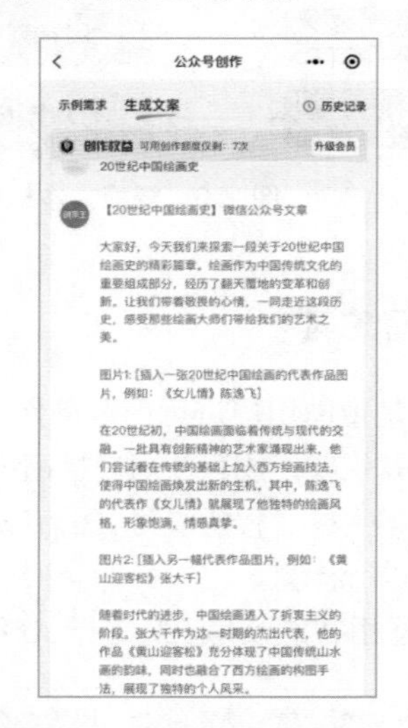

图 2.5　AI 创作王通过“公众号创作”功能生成的文章示例

2.2 常用的五大 AI 内容检测工具

就 ChatGPT 而言，其设置的程序是带有连续性的回复。也就是说，ChatGPT 最近一次的回复会以上一次回复的答案为语境或前提，在这一情形下，面对无法得知或不太重要的信息，ChatGPT 会自行杜撰或随意编写内容进行回复。因此，对于 ChatGPT 生成的内容，需要借助内容检测工具进行检测，然后再判断是否可以使用。本节将介绍一些实用的 AI 内容检测工具，对于 AI 文案的运用是十分有帮助的。

2.2.1 智能文本检测

智能文本检测是由数美科技推出的智能文本检测产品。其基于先进的语义模型和多种语种样本，为各种不同场景的文本提供敏感词、违禁信息、暴力恐怖信息、广告导流等内容的识别，帮助优化文本内容。图 2.6 所示为智能文本检测平台的详细功能介绍。

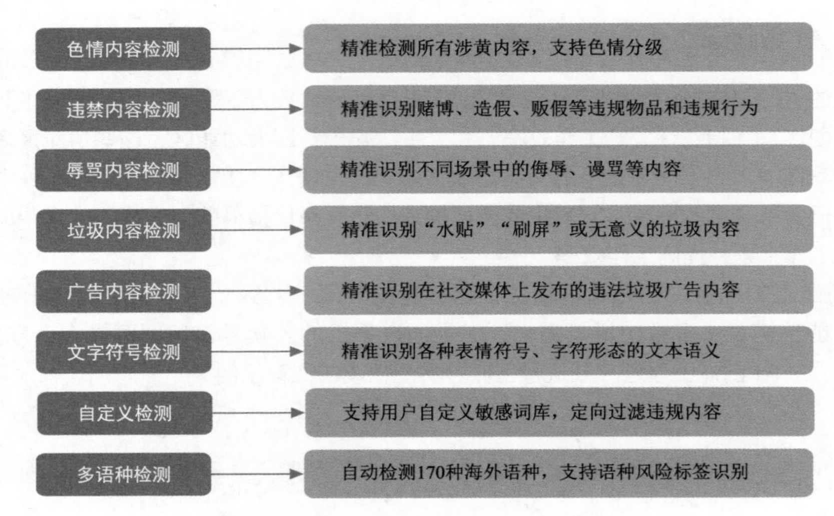

图 2.6　智能文本检测平台的详细功能介绍

2.2.2 智能改写工具

智能改写工具是帮助用户进行内容创作、文本撰写的 AI 产品。其主要的用途是文本扩写、问答营销和文章生成，能够让用户提高内容创作的效率。智能改写工具划分了关键词排名、词库搜索、文案生成、智能改写、引流助手等多个模块，其中智能改写功能的主要作用是对文本的原创度进行检测。

图 2.7 所示为运用智能改写工具进行 AI 编辑与原创度检测的示例。

图 2.7　运用智能改写工具进行 AI 编辑与原创度检测的示例

图 2.7（续）

2.2.3 句易网

句易网是易点网络下服务于电商行业的一个工具，能够为品牌商提供新闻稿发布、社媒内容撰写、品牌搜索首页定制等服务。同时，运用句易网，也能够进行违禁词检测。

句易网提供最新广告法违禁词过滤功能，能够对各类自媒体文章、短视频文案、新闻稿、社交媒体用语等进行禁用语检测。图 2.8 所示为运用句易网进行违禁词检测的示例。

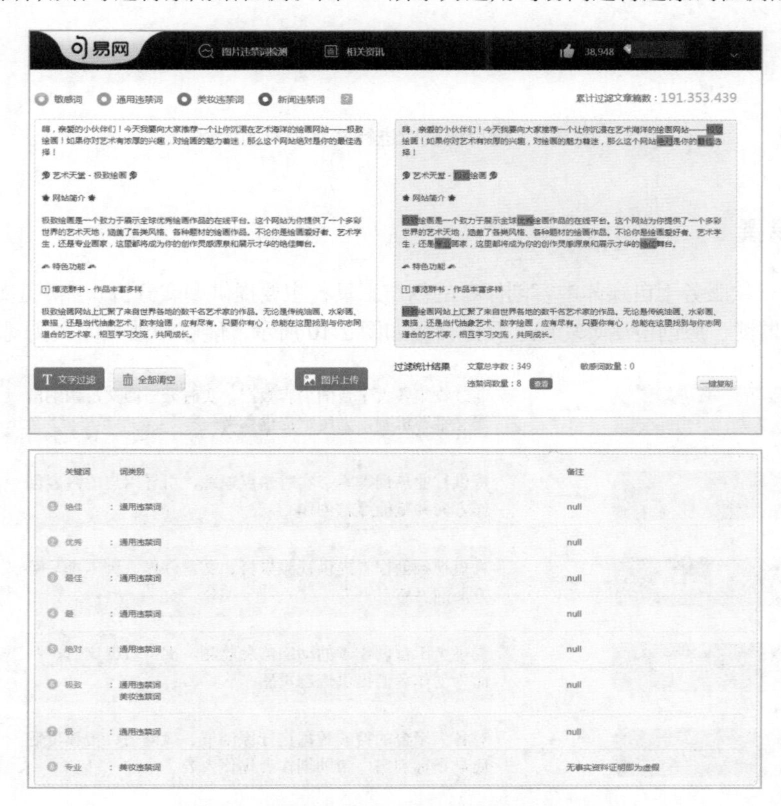

图 2.8　运用句易网进行违禁词检测的示例

上述示例中，句易网根据对2023年市场监管总局发布的最新广告法的解读，对输入的文本进行违禁词检测。根据检测结果，大部分的违禁词是基于“广告绝对化用语”“容易对消费者产生误导”等条例进行标注的。因此，句易网提供的违禁词标注仅起到参考作用，用户需要进行甄别。

2.2.4 爱校对

爱校对是清华大学计算机智能人机交互实验室研发的一款错别字检查工具，支持共享词库、自定义词库和不限字数的文本校对，能够高效、便捷地编辑文档，有效地帮助文字工作者解决痛点。

图2.9所示为运用爱校对进行文字校对的示例。

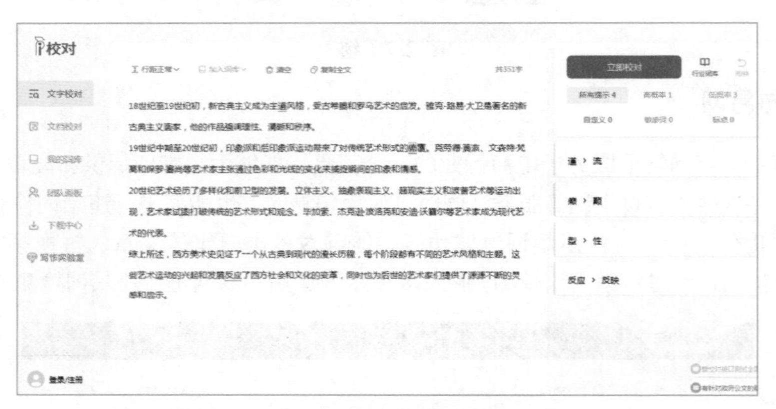

图2.9 运用爱校对进行文字校对的示例

2.2.5 易撰

易撰是一款服务于自媒体内容创作者的创作工具，主要提供爆文分析、热点追踪、视频素材库、数据监测、原创检测等功能，具体介绍如图2.10所示，能够帮助媒体人实现高效创作。

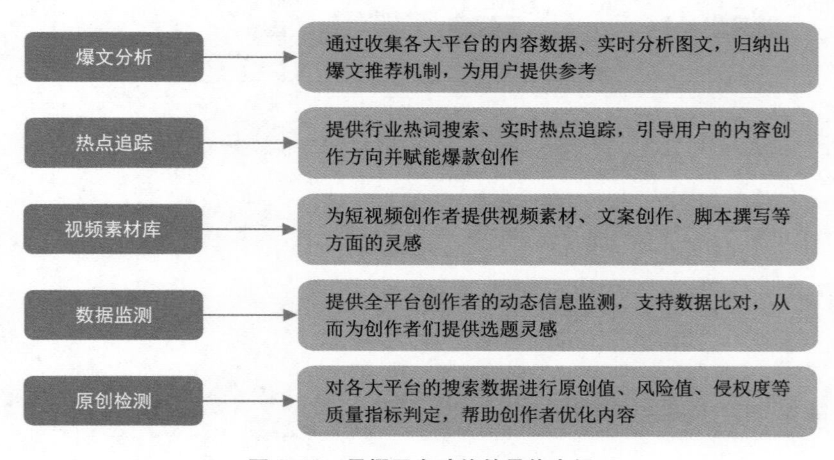

图2.10 易撰平台功能的具体介绍

下面以 ChatGPT 生成的一篇关于现代抽象艺术发展史的论文为例，将其输入易撰平台进行原创检测，如图 2.11 所示。

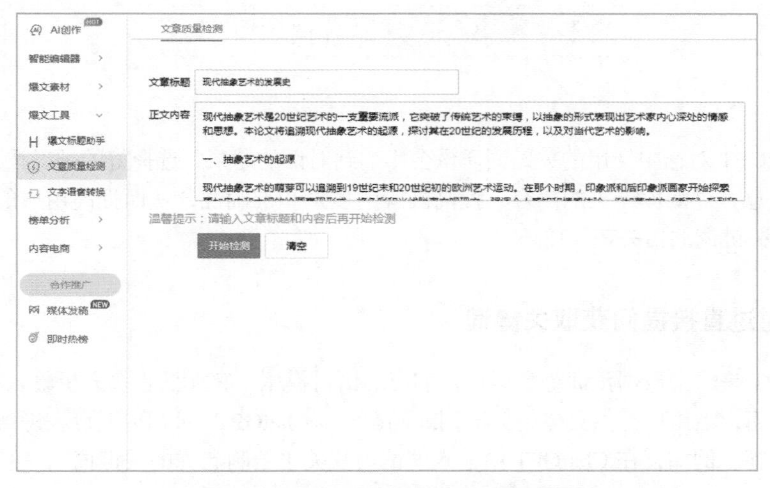

图 2.11　运用易撰平台进行文章原创检测示例

待文章全部输入完成之后，单击“开始检测”按钮，易撰平台会自动打开“一键检测”对话框，显示文章的检测进度，如图 2.12 所示。

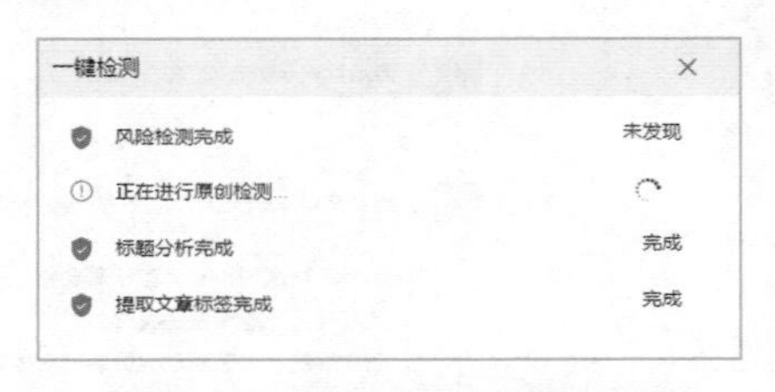

图 2.12　显示文章的检测进度

检测完成后，在报告中可以清晰地看到对文章的评价，包括风险检测、原创分值、标题分析、文章标签 / 领域等，用户可以通过改变这些信息来打造爆款文章。

在上述示例的报告中，易撰平台对 ChatGPT 生成的内容作出了如下判断：未发现文章存在违规内容和违禁词；与百度内容相对照，该文章的原创度为 61.88%，属于积极的情感类文章；适合归属于文化领域，具体如图 2.13 所示。

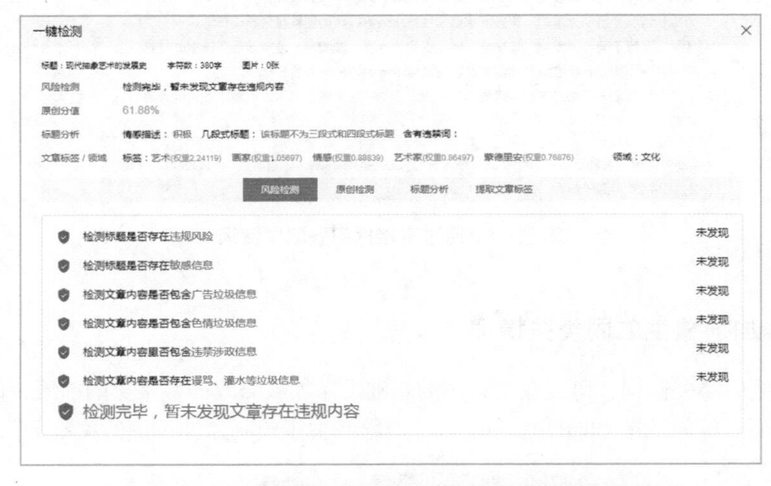

图 2.13　运用易撰平台进行文章原创检测的详细报告

2.3 掌握关键词的获取方法

在 ChatGPT 对话中使用的关键词质量会影响到对话的结果，选择好的关键词可以快速定位想要的信息，过滤掉无关的内容，提高回答的质量和准确性，从而提高用户的使用体验，本节将介绍关键词的相关获取技巧。

2.3.1 通过直接提问获取关键词

ChatGPT 是一个根据预训练数据进行响应的语言模型，它无法直接分析输入并主动获取关键词。然而，当用户提供具体的关键词或问题时，ChatGPT 可以利用训练和知识提供相关的信息和回答。例如，在 ChatGPT 中输入“请给我关于绘制老虎的关键词”，生成的内容如图 2.14 所示。

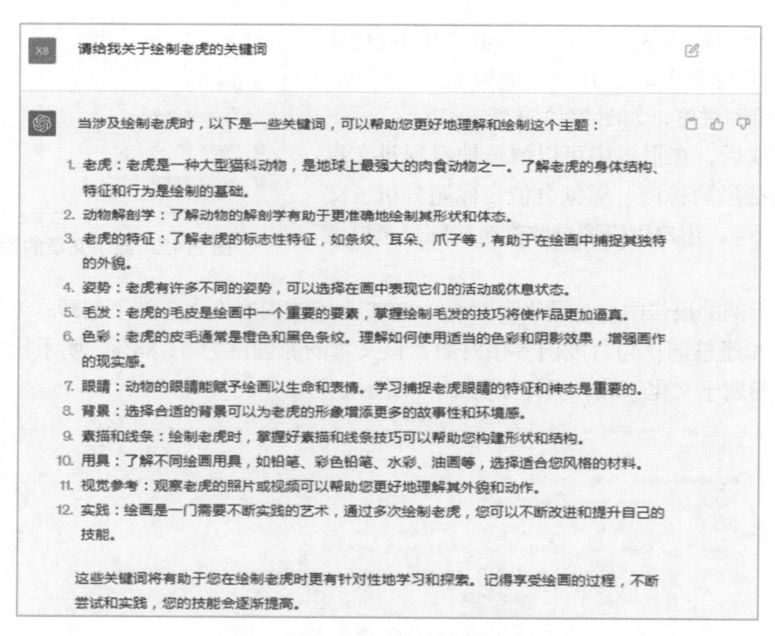

图 2.14　通过直接提问获取关键词

2.3.2 添加前缀生成同类关键词

如果需要同类关键词，可以在关键词的基础上添加或修改一些常见的前缀，以生成更多相关的关键词。例如，在 ChatGPT 中输入“请给我关于绘制孟加拉虎的关键词”，生成的内容如图 2.15 所示。

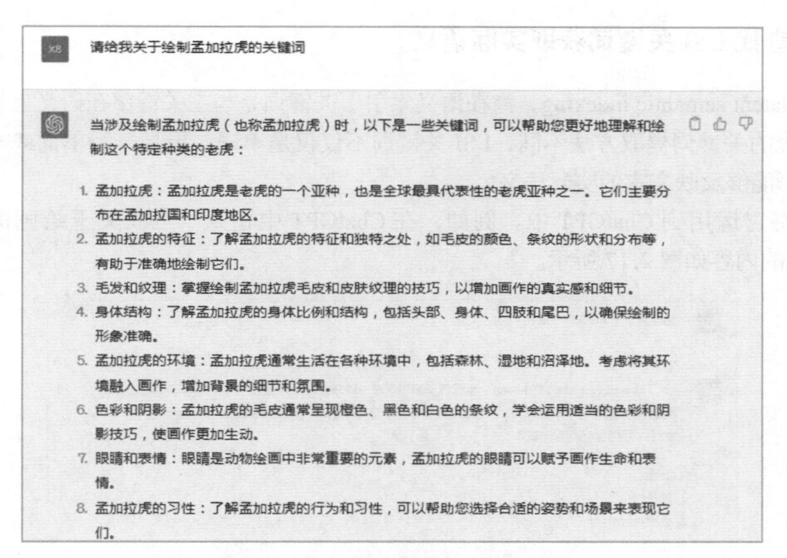

图 2.15　添加前缀生成同类关键词

2.3.3　查找长尾关键词进行具体搜索

长尾关键词通常是指网站上的非目标关键词，但与目标关键词相关的特定关键词短语，用于针对特定需求或问题进行更具体的搜索。用户可以使用 ChatGPT 查找长尾关键词，例如，在 ChatGPT 中输入“请给我关于艺术派别的长尾关键词”，生成的内容如图 2.16 所示。

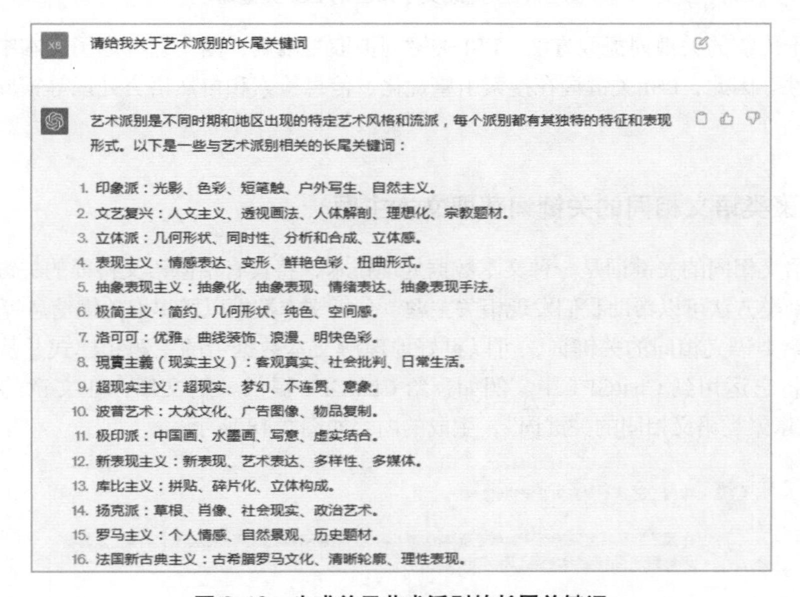

图 2.16　生成关于艺术派别的长尾关键词

可以输入相关的主题或基础关键词以获取与之相关的长尾关键词建议，长尾关键词的选择与目标受众、内容需求和网站定位相匹配。

2.3.4 查找 LSI 关键词获取实际语义

LSI（latent semantic indexing，潜在语义索引）关键词是与主关键字在语义上相关的关键词。与传统的关键词提取方法不同，LSI 关键词不仅仅是单词，更是一组单词或术语，这些单词或术语能够反映文本的实际语义。

可以将它运用到 ChatGPT 中。例如，在 ChatGPT 中输入“生成关于绘画的 LSI 关键词”，生成的内容如图 2.17 所示。

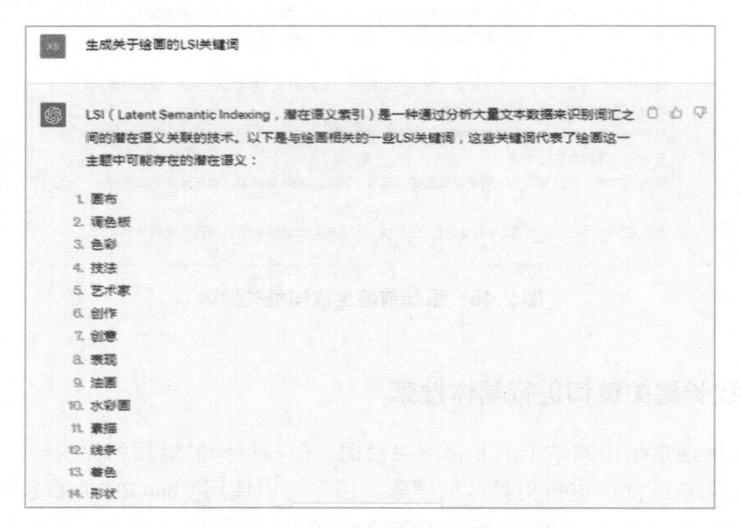

图 2.17　生成关于绘画的 LSI 关键词

相对于传统的关键词提取方法，LSI 关键词提取更准确，因为它考虑了文本中单词的语义和相关性。因此，LSI 关键词在搜索引擎优化、信息检索和自然语言处理等领域中得到了广泛应用。

2.3.5 聚类语义相同的关键词获取文本主题

聚类语义相同的关键词是一种文本数据处理技术，将具有相似语义特征的关键词归为一类。这种聚类方法可以帮助我们发现相关主题、分析文本数据以及提取关键信息等。

通过聚类语义相同的关键词，可以更好地理解文本数据中的主题和模式并从中获得知识。可以将它运用到 ChatGPT 中。例如，给 ChatGPT 提供一篇文章，在文章的末尾加上“将以上文章聚类语义相同的关键词”，生成的内容如图 2.18 所示。

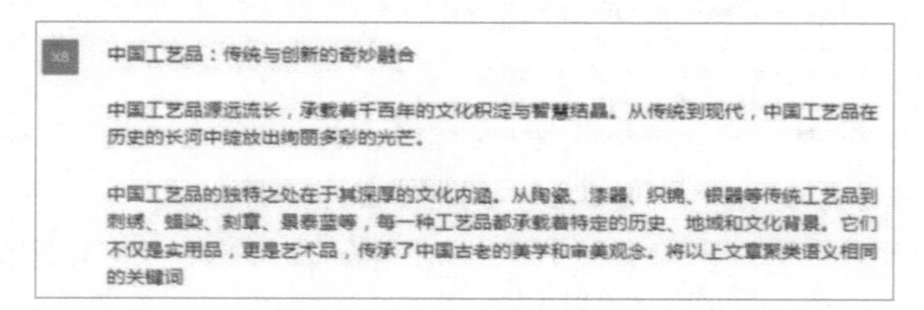

图 2.18　聚类语义相同的关键词

随着时代的发展，中国工艺品也在不断创新与演变。传统工艺与现代设计相结合，赋予了工艺品新的生命力和时尚感。许多年轻的设计师将传统元素融入到现代风格中，创作出兼具传统韵味与时尚气息的工艺品，吸引着越来越多的年轻消费者。

此外，中国工艺品也在国际舞台上展露锋芒。中国的丝绸、瓷器、茶具等工艺品在世界各地受到欢迎。通过传统的手工制作工艺和独特的设计，中国工艺品成功地融合了东方的精致和西方的时尚，成为 国际市场上的热门商品。

然而，中国工艺品也面临着一些挑战。随着现代工业化的发展，很多传统手工艺逐渐消失，技艺传承面临困难。同时，不少工艺品市场受到仿冒和低劣产品的冲击，影响了消费者的信心。

因此，保护和传承中国工艺品的重要性不可忽视。政府和社会各界应该共同努力，设立保护计划，鼓励年轻一代学习传统工艺技艺，推动工艺品的创新与发展。只有这样，我们才能让中国工艺品继续闪耀着独特的文化魅力，走向更加辉煌的未来。将以上文章聚类语义相同的关键词

根据文章的内容，以下是将关键词聚类为两组的示例：

传统工艺品、陶瓷、漆器、织锦、银器、刺绣、蜡染、刻章、景泰蓝、文化积淀、智慧结晶、历史、地域、文化背景、美学、审美观念

创新、现代设计、生命力、时尚感、年轻设计师、现代风格、传统韵味、时尚气息、年轻消费者、国际舞台、丝绸、瓷器、茶具、手工制作工艺、独特的设计、东方精致、西方时尚、国际市场、保护、传承、技艺传承、困难、仿冒产品、低劣产品、消费者信心、政府、社会各界、保护计划、年轻一代、创新与发展、文化魅力、未来

请注意，这只是一种示例，关键词的聚类可能因人而异。

图 2.18（续）

2.3.6　根据搜索意图对关键词进行分类

根据搜索意图对关键词进行分类是一种将关键词分组的方法，根据搜索意图和目的将关键词归类到不同的分组中。

例如，给 ChatGPT 提供一篇文章，在文章的末尾加上“将以上内容根据搜索意图对关键词进行分类”，生成的内容如图 2.19 所示。

XB

古希腊和罗马艺术（约公元前6世纪至公元4世纪）标志着西方美术的起源。古希腊雕塑以其优雅的人体表现和几何化形式而闻名，强调人的理性和完美。而古罗马的壁画和建筑表现出对实用性和实用性的强调，其中包括广场、拱门和圆形剧场等。

中世纪艺术（公元5世纪至公元15世纪）主要以基督教教堂艺术为主。这个时期的重点是宗教题材的绘画和雕塑，通常是为了教育和启发信徒。拜占庭艺术在东欧地区发展，而罗曼式和哥特式风格则在西欧兴盛。彩绘玻璃窗和壁画成为表现宗教故事和教义的重要手段。将以上内容根据搜索意图对关键词进行分类

根据搜索意图，我将关键词分为不同的主题分类，以更好地了解古希腊和罗马艺术以及中世纪艺术的发展：

古希腊和罗马艺术（约公元前6世纪至公元4世纪）：

1. 古希腊雕塑
2. 人体表现和几何化形式
3. 强调人的理性和完美
4. 古罗马壁画

图 2.19　根据搜索意图对关键词进行分类

5. 实用性和实用性的强调
6. 广场、拱门和圆形剧场

中世纪艺术（公元5世纪至公元15世纪）：

1. 基督教教堂艺术
2. 宗教题材的绘画和雕塑
3. 教育和启发信徒
4. 拜占庭艺术
5. 罗曼式风格
6. 哥特式风格
7. 彩绘玻璃窗
8. 壁画

图 2.19（续）

这种分类可以帮助网站或服务提供者更好地理解用户需求，从而提升用户体验。

2.3.7　列出与关键词相关的问题

列出与关键词相关的问题是指根据给定的关键词生成与该关键词相关的问题列表，帮助用户更好地了解和掌握与关键词相关的知识领域。

例如，文章中的关键词为“艺术”，在 ChatGPT 中输入“请列出与艺术相关的问题”，生成的内容如图 2.20 所示。

这些问题可以涉及该关键词的定义、特征、用途、操作方法以及解决方案等方面，以满足用户对该关键词的各种信息需求。

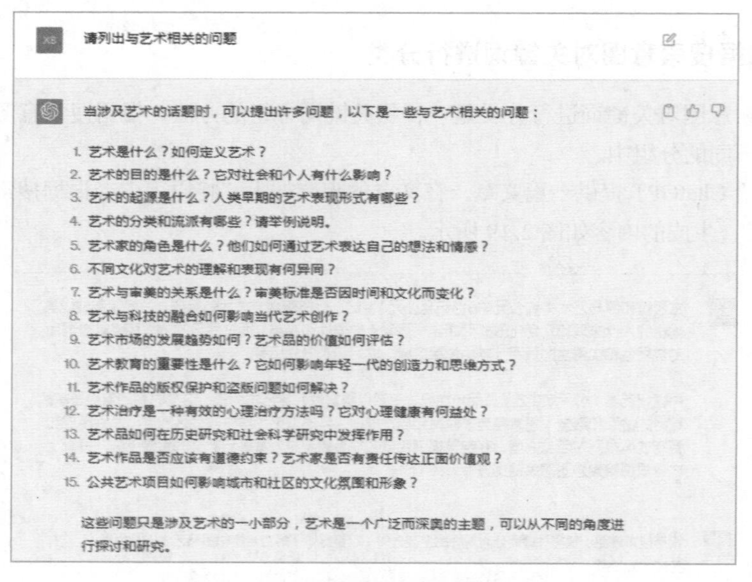

图 2.20　列出与关键词相关的问题

2.3.8　生成完整的关键词策略

生成完整的关键词策略是指制订一个全面的计划和策略，以确定适合特定目标的关键词并加以管理和优化。

例如，在 ChatGPT 中输入“根据油画生成一个完整的关键词策略”，生成的内容如图 2.21 所示。

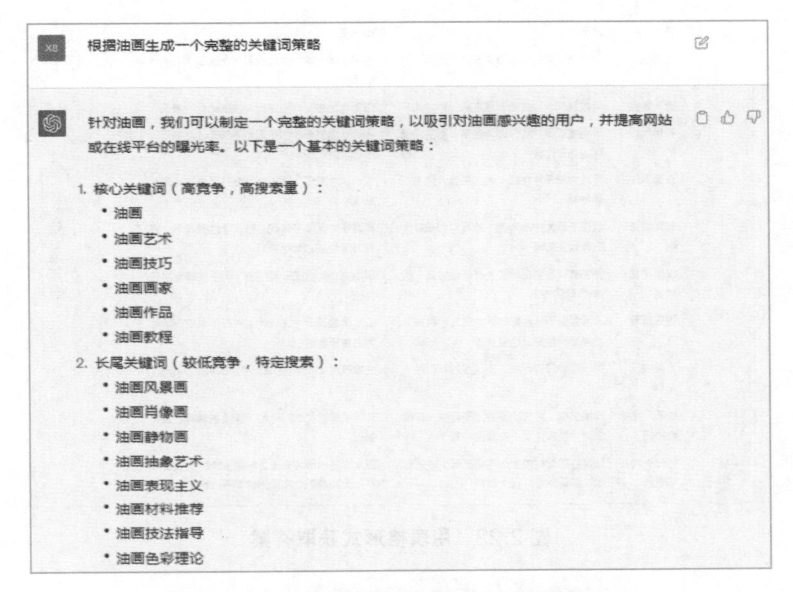

图 2.21　根据油画生成完整的关键词策略

生成完整的关键词策略需要考虑受众群体、竞争环境和数据分析等因素。关键词策略需要定期监测、评估和调整。

2.4　提升文本内容的优化技巧

ChatGPT 具有自然语言生成和理解的功能，能够为用户提供各种应用场景下的语言交流和信息生成服务，优化文本内容可以提高内容的可读性和吸引力，本节将详细介绍文本内容的优化技巧。

2.4.1　用表格形式获取答案

在 ChatGPT 中，可以使用表格的形式列出答案以提供更清晰和结构化的信息。例如，在 ChatGPT 种输入“对比一下油画和山水画的不同之处，并做成表格”，生成的内容如图 2.22 所示。

将相关问题和答案填入相应的单元格，这样不仅可以使答案更易读、整齐，而且可以帮助读者更好地理解和比较不同的信息。

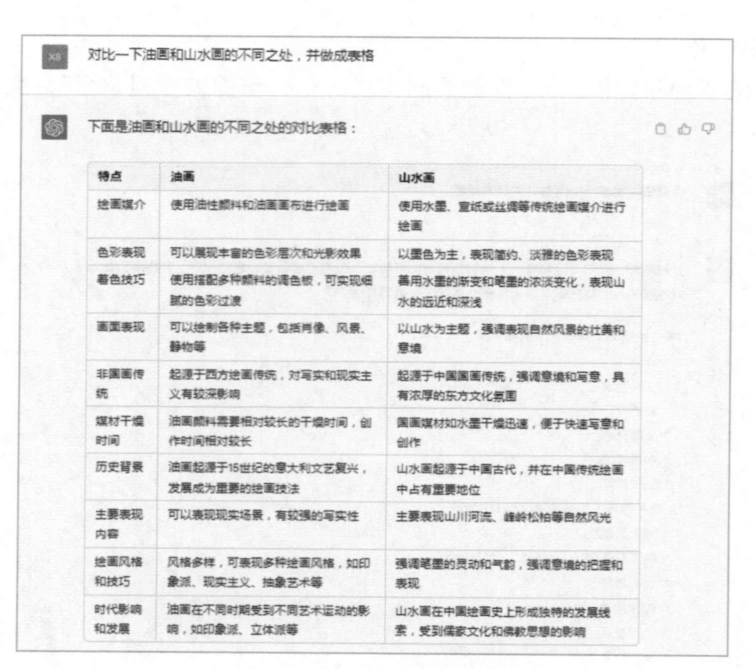

X8 对比一下油画和山水画的不同之处，并做成表格

下面是油画和山水画的不同之处的对比表格：

特点	油画	山水画
绘画媒介	使用油性颜料和油画画布进行绘画	使用水墨、宣纸或丝绸等传统绘画媒介进行绘画
色彩表现	可以展现丰富的色彩层次和光影效果	以墨色为主，表现简约、淡雅的色彩表现
着色技巧	使用搭配多种颜料的调色板，可实现细腻的色彩过渡	善用水墨的渐变和笔墨的浓淡变化，表现山水的远近和深浅
画面表现	可以绘制各种主题，包括肖像、风景、静物等	以山水为主题，强调表现自然风景的壮美和意境
非国画传统	起源于西方绘画传统，对写实和现实主义有较深影响	起源于中国国画传统，强调意境和写意，具有浓厚的东方文化氛围
媒材干燥时间	油画颜料需要相对较长的干燥时间，创作时间相对较长	国画媒材如水墨干燥迅速，便于快速写意和创作
历史背景	油画起源于15世纪的意大利文艺复兴，发展成为重要的绘画技法	山水画起源于中国古代，并在中国传统绘画中占有重要地位
主要表现内容	可以表现现实场景，有较强的写实性	主要表现山川河流、峰岭松柏等自然风光
绘画风格和技巧	风格多样，可表现多种绘画风格，如印象派、现实主义、抽象艺术等	强调笔墨的灵动和气韵，强调意境的把握和表现
时代影响和发展	油画在不同时期受到不同艺术运动的影响，如印象派、立体派等	山水画在中国绘画史上形成独特的发展线索，受到儒家文化和佛教思想的影响

图 2.22　用表格形式获取答案

2.4.2　模仿作者风格输出文本

使用 ChatGPT 输出文本时，模型会倾向于以自己的语言和风格生成回复。当然，也可以用其他作者的风格输出文本。

例如，在 ChatGPT 中输入“写一个艺术解析，模仿弗洛依德的风格，字数 500 字左右”，由于生成的内容有字数限制，因此没写完就会断掉，此时用户输入“继续写”即可继续生成文本，如图 2.23 所示。

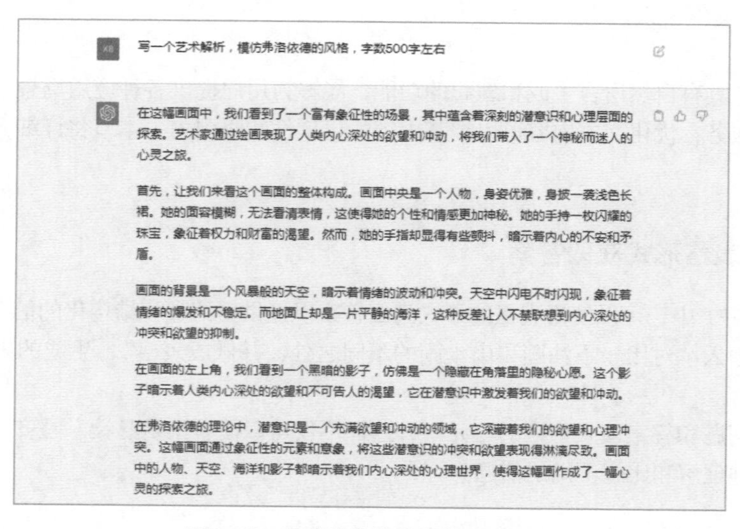

X8 写一个艺术解析，模仿弗洛依德的风格，字数500字左右

在这幅画面中，我们看到了一个富有象征性的场景，其中蕴含着深刻的潜意识和心理层面的探索。艺术家通过绘画表现了人类内心深处的欲望和冲动，将我们带入了一个神秘而迷人的心灵之旅。

首先，让我们来看这个画面的整体构成。画面中央是一个人物，身姿优雅，身披一袭浅色长裙。她的面容模糊，无法看清表情，这使得她的个性和情感更加神秘。她的手持一枚闪耀的珠宝，象征着权力和财富的渴望。然而，她的手指却显得有些颤抖，暗示着内心的不安和矛盾。

画面的背景是一个风暴般的天空，暗示着情绪的波动和冲突。天空中闪电不时闪现，象征着情绪的爆发和不稳定。而地面上却是一片平静的海洋，这种反差让人不禁联想到内心深处的冲突和欲望的抑制。

在画面的左上角，我们看到一个黑暗的影子，仿佛是一个隐藏在角落里的隐秘心愿。这个影子暗示着人类内心深处的欲望和不可告人的渴望，它在潜意识中激发着我们的欲望和冲动。

在弗洛依德的理论中，潜意识是一个充满欲望和冲动的领域，它深藏着我们的欲望和心理冲突。这幅画面通过象征性的元素和意象，将这些潜意识的冲突和欲望表现得淋漓尽致。画面中的人物、天空、海洋和影子都暗示着我们内心深处的心理世界，使得这幅画作成了一幅心灵的探索之旅。

图 2.23　用弗洛依德的风格生成文本

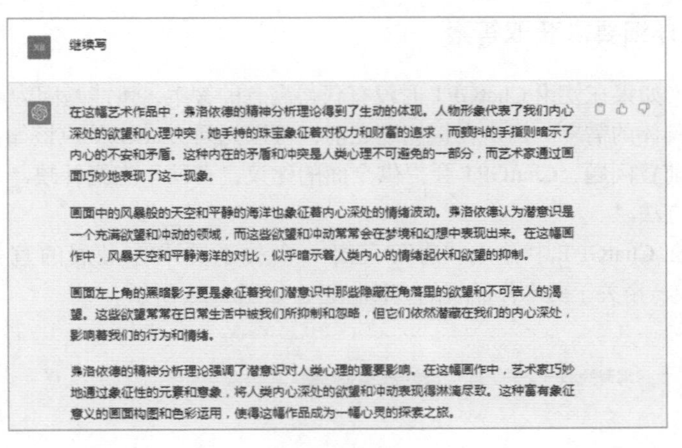

图 2.23（续）

由图 2.23 可见，ChatGPT 生成的内容整体条理清晰、文笔自然流畅。不过，由于文章篇幅有限，在后续仍然有其固有的语言和生成特点，用户可以考虑把 ChatGPT 当成一个辅助工具，在其生成内容的基础上再进行润色和修改，写出更加优质的作品。

2.4.3 限制答案提高精准度

ChatGPT 在有些情况下的回答比较笼统，意思表达得不够明确，没有用户想要的内容。此时用户可以对 ChatGPT 生成的内容设置一些限制，以更加准确地生成想要的内容。例如，在 ChatGPT 中输入“写一个艺术主题的故事，模仿莎士比亚的风格，字数 600 字左右，要有标题，不要出现人的名字”，生成的内容如图 2.24 所示。

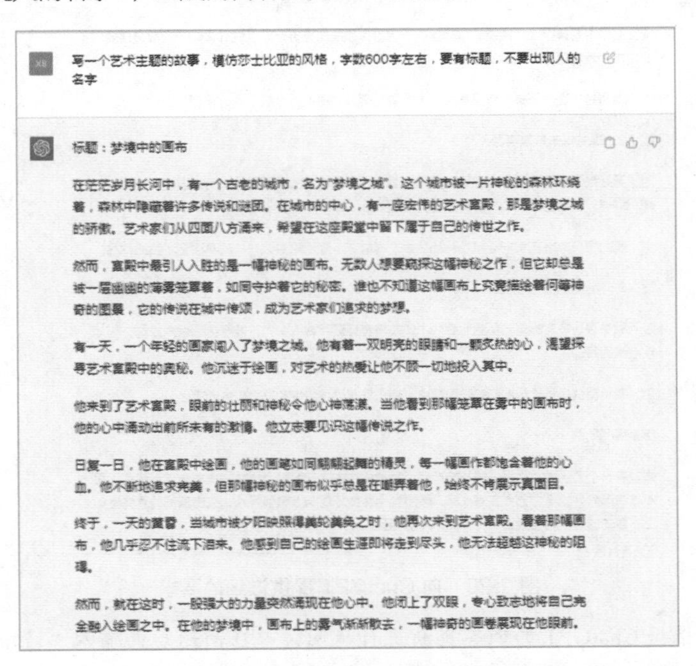

图 2.24　对 ChatGPT 生成的内容设置限制

2.4.4 提供详细要求获取答案

扫码看教程

如果在使用ChatGPT时没有获得满意的答案，可能是因为ChatGPT没有收到具体的需求。用户在提问题之前，可以先问ChatGPT应该如何提问，通过这个前置问题，ChatGPT会提供全面的建议，有助于查漏补缺，下面介绍具体操作方法。

步骤 01 在ChatGPT中输入“请帮我出一个关于美术作品展的宣传标题”，随后ChatGPT将生成一个关于美术作品展的宣传标题，如图2.25所示。

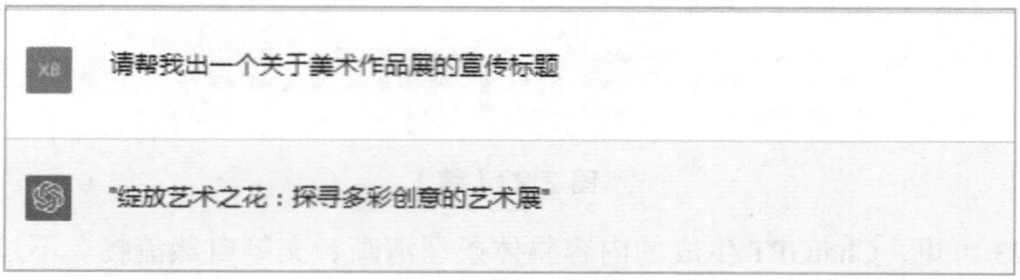

请帮我出一个关于美术作品展的宣传标题

"绽放艺术之花：探寻多彩创意的艺术展"

图2.25 ChatGPT生成的标题

步骤 02 用户对ChatGPT生成的这个标题可能不太满意，此时可以在问题后面提供详细的要求，随后ChatGPT将给出相应的建议和例子，如图2.26所示。

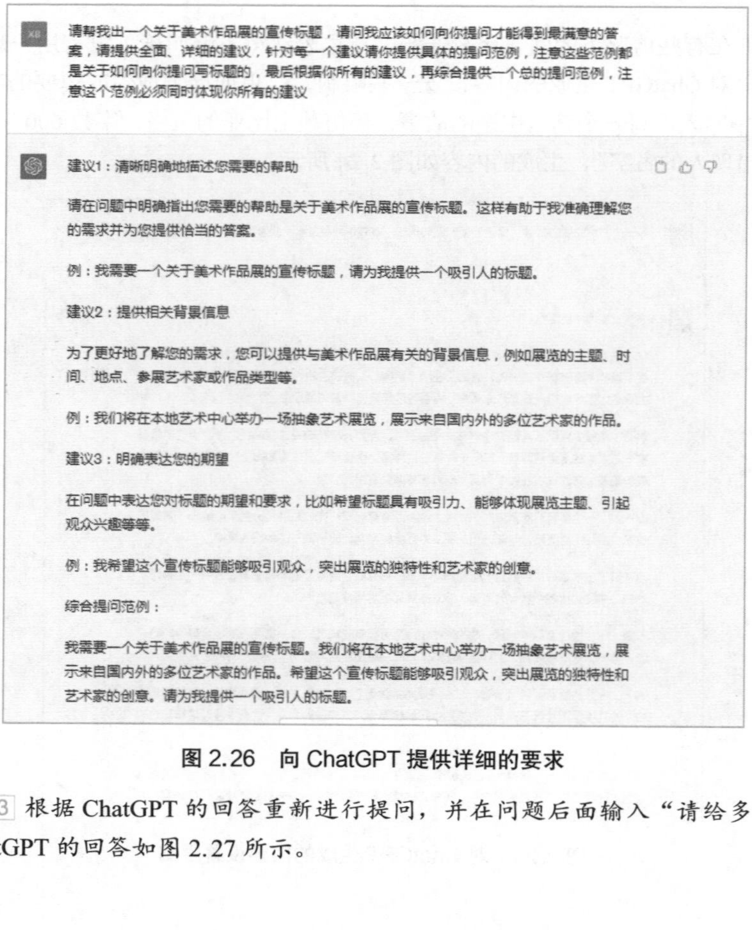

请帮我出一个关于美术作品展的宣传标题，请问我应该如何向你提问才能得到最满意的答案，请提供全面、详细的建议，针对每一个建议请你提供具体的提问范例，注意这些范例都是关于如何向你提问写标题的，最后根据你所有的建议，再综合提供一个总的提问范例，注意这个范例必须同时体现你所有的建议

建议1：清晰明确地描述您需要的帮助

请在问题中明确指出您需要的帮助是关于美术作品展的宣传标题。这样有助于我准确理解您的需求并为您提供恰当的答案。

例：我需要一个关于美术作品展的宣传标题，请为我提供一个吸引人的标题。

建议2：提供相关背景信息

为了更好地了解您的需求，您可以提供与美术作品展有关的背景信息，例如展览的主题、时间、地点、参展艺术家或作品类型等。

例：我们将在本地艺术中心举办一场抽象艺术展览，展示来自国内外的多位艺术家的作品。

建议3：明确表达您的期望

在问题中表达您对标题的期望和要求，比如希望标题具有吸引力、能够体现展览主题、引起观众兴趣等等。

例：我希望这个宣传标题能够吸引观众，突出展览的独特性和艺术家的创意。

综合提问范例：

我需要一个关于美术作品展的宣传标题。我们将在本地艺术中心举办一场抽象艺术展览，展示来自国内外的多位艺术家的作品。希望这个宣传标题能够吸引观众，突出展览的独特性和艺术家的创意。请为我提供一个吸引人的标题。

图2.26 向ChatGPT提供详细的要求

步骤 03 根据ChatGPT的回答重新进行提问，并在问题后面输入“请给多个标题供我选择”，ChatGPT的回答如图2.27所示。

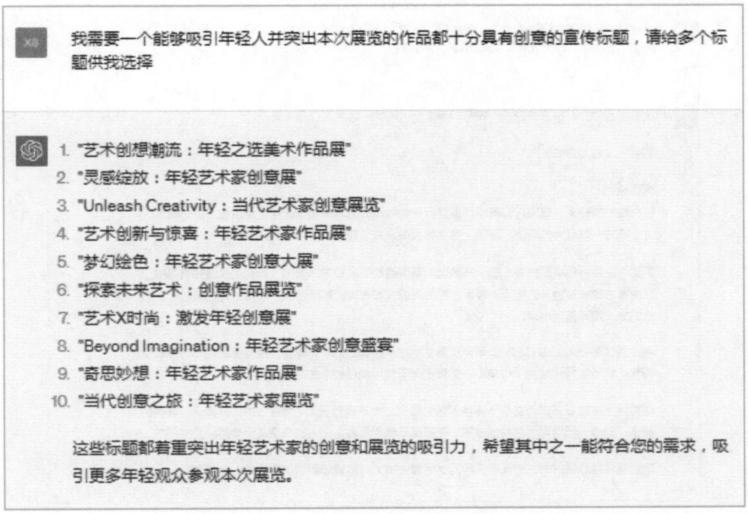

我需要一个能够吸引年轻人并突出本次展览的作品都十分具有创意的宣传标题，请给多个标题供我选择
1. "艺术创想潮流：年轻之选美术作品展"
2. "灵感绽放：年轻艺术家创意展"
3. "Unleash Creativity：当代艺术家创意展览"
4. "艺术创新与惊喜：年轻艺术家作品展"
5. "梦幻绘色：年轻艺术家创意大展"
6. "探索未来艺术：创意作品展览"
7. "艺术X时尚：激发年轻创意展"
8. "Beyond Imagination：年轻艺术家创意盛宴"
9. "奇思妙想：年轻艺术家作品展"
10. "当代创意之旅：年轻艺术家展览"
这些标题都着重突出年轻艺术家的创意和展览的吸引力，希望其中之一能符合您的需求，吸引更多年轻观众参观本次展览。

图 2.27　ChatGPT 根据提问给出的标题

在提问的后面提供详细的要求就能获得更加细致的答案，从图 2.27 中可以看到，第 2 次的回答相较于第 1 次的回答要更加全面，也更加符合期望。

2.4.5　以 ASCII 艺术形式获得结果

ASCII 艺术（ASCII stereogram）又称 ASCII 图形或文本艺术，是一种使用 ASCII 字符创作图像、图表和图案的艺术形式。它可以使用简单的字符创作出各种形式的艺术作品，包括人物、动物、景物、标志和抽象图案等。

ASCII 艺术是计算机早期时代的一种表现形式，如今仍然被广泛使用和欣赏，成为一种独特的数字艺术形式。可以将它运用到 ChatGPT 中。例如，在 ChatGPT 中输入“用 ASCII 艺术形式生成一只小兔子”，生成的内容如图 2.28 所示。

用ASCII艺术形式生成一只小兔子
当然！这是一只可爱的小兔子：
scss
Copy code
(\(\
(-.-)
o_(")(")
希望你喜欢！

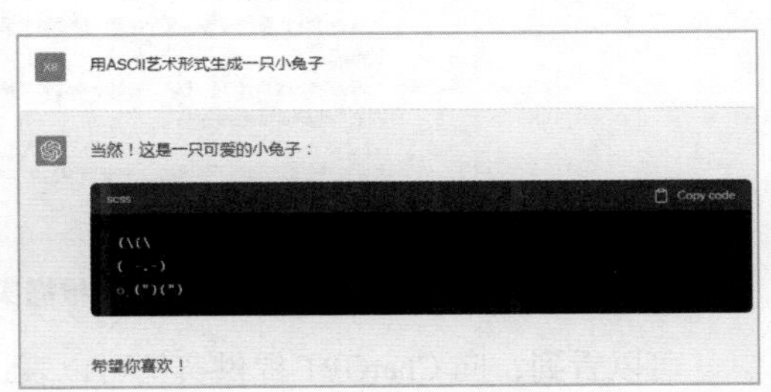

图 2.28　用 ASCII 艺术形式生成一只小兔子

这种形式的艺术通常以单色或灰度的方式呈现，因为它们只使用了字符本身的颜色和背景颜色。

2.4.6　提供实例说明需求

通过提供实例，用户可以更清楚地说明问题或需求，使 ChatGPT 更好地理解用户的意图。例如，可以向 ChatGPT 提供实例来撰写文章。

例如，在 ChatGPT 中输入“给你一个 AI 绘画关键词的实例：香水瓶，发亮，电影级打光，吉祥，花朵，花瓣，星辰，大海，广告风格，高清像素，16K，电影大片效果”，生成的内容如图 2.29 所示。

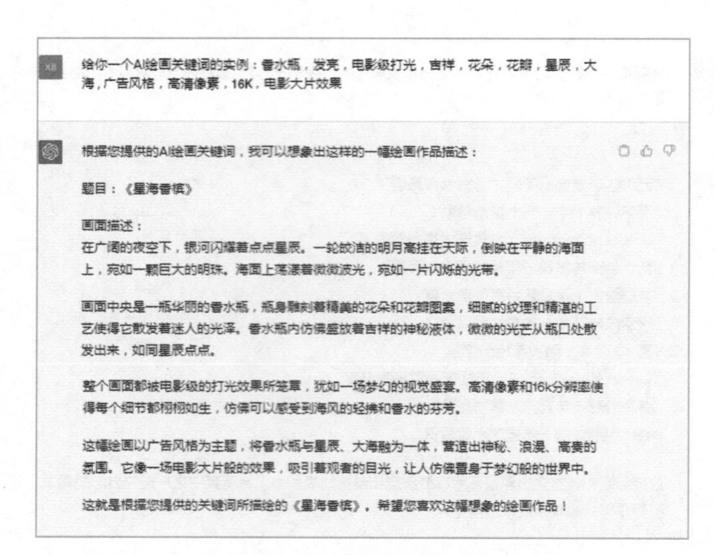

图 2.29　向 ChatGPT 提供实例

根据上面的实例内容生成文本，在 ChatGPT 中输入“以上面的实例，写 4 个相关的 AI 绘画关键词”，生成的内容如图 2.30 所示。

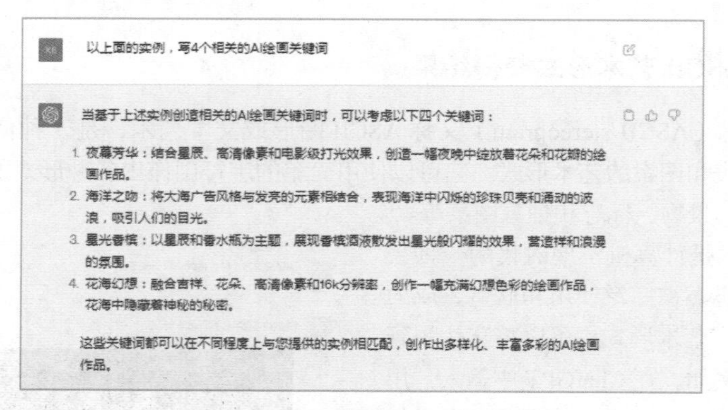

图 2.30　根据实例内容生成文本

可以看到，向 ChatGPT 提供实例可以表达具体的情境，使 ChatGPT 能够更好地理解用户的意思并给出准确的回答。

2.4.7　指定受众获取特定领域答案

在与 ChatGPT 进行交互时，可以提供上下文和明确的问题间接地指定受众。通过提供特定领域、特定背景或与专业知识相关的问题，可以帮助模型更好地理解用户的需求并提供更相关的回答。

在与 ChatGPT 的对话中明确指出受众范围，以便模型能够更好地适应需求并给出更有针对性的回答。例如，在 ChatGPT 中输入“针对正在学画画的艺术生写一篇关于美术指导的文章，字数 200 字左右”，生成的内容如图 2.31 所示。

通过提供明确的问题和相关上下文，可以增加模型对特定受众群体需求的理解和回应。

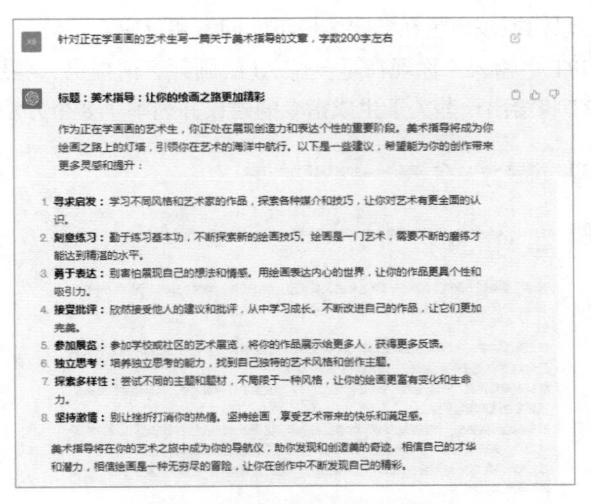

图 2.31　指定艺术生为受众群体

2.4.8　切换视角获得全面理解

ChatGPT 通过在不同的段落或章节中使用不同的视角，可以引入不同的人物、观点或经历，以便获得更全面的理解。

例如，在 ChatGPT 中输入“以第一人称视角写一篇超现实主义美学分析，字数 500 字左右”，生成的内容如图 2.32 所示。

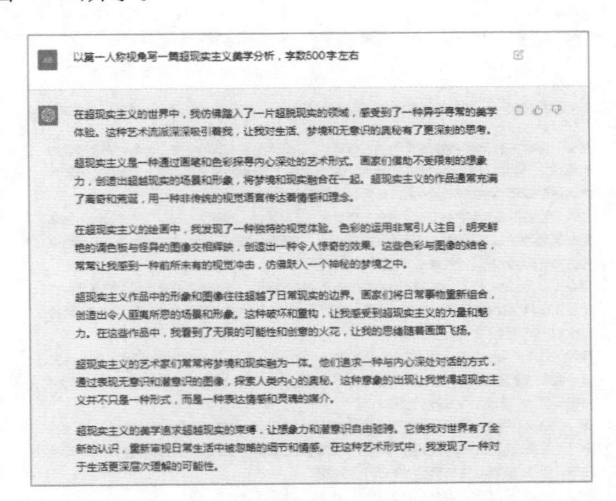

图 2.32　以第一人称视角写一篇超现实主义美学分析

通过切换视角，可以提供更多的信息和观点，增强文章的深度和广度。切换视角可以增加文章的复杂性和丰富性，使读者更加深入地思考和探索讨论的话题。

2.4.9　通过扮演角色获取答案

向 ChatGPT 进行角色扮演是指用户扮演某个角色或身份，通过与 ChatGPT 的对话模拟该角色的言谈和行为。提供有关该角色的背景信息、情感状态、目标和观点，然后与

ChatGPT 进行对话，以模拟该角色在特定情境下的回答和反应。

例如，在 ChatGPT 中输入“你现在是一位 AI 绘画师，请提供一些生成风景画的指令建议”。随后，ChatGPT 将给出一些关于生成指令的建议并列举了 8 个方法，如图 2.33 所示。

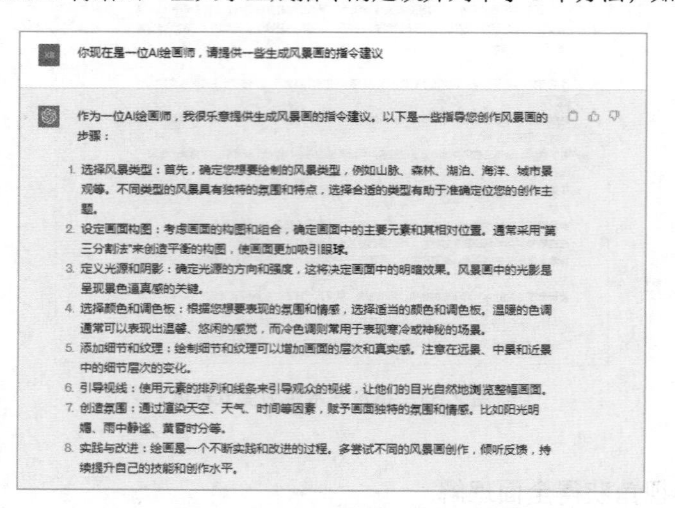

图 2.33　使用 ChatGPT 进行角色扮演

在进行角色扮演时，ChatGPT 会根据用户提供的角色信息尽力给出合适的回答，向 ChatGPT 询问“请整合上述建议，提供 5 个山景的 AI 绘画指令示例，要求专业的摄影写实风格”，生成的内容如图 2.34 所示。

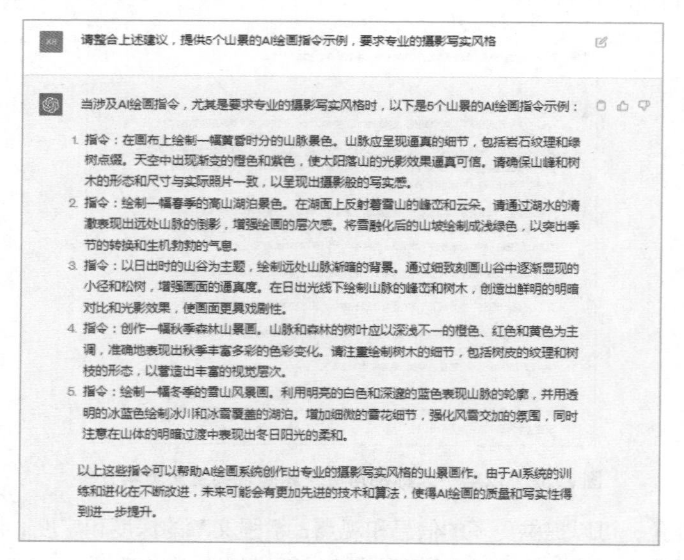

图 2.34　ChatGPT 根据角色信息给出合适的回答

还可以要求 ChatGPT 重新生成一份指令，在 ChatGPT 中输入“请重新生成 10 个指令示例，在每个指令示例中分别添加构图、光线、色彩等风格的关键词”，生成的内容如图 2.35 所示。

使用 ChatGPT 进行角色扮演可以用于各种场景，它可以更好地理解角色的动机和行为，包括创作写作、角色测试以及情景模拟等。

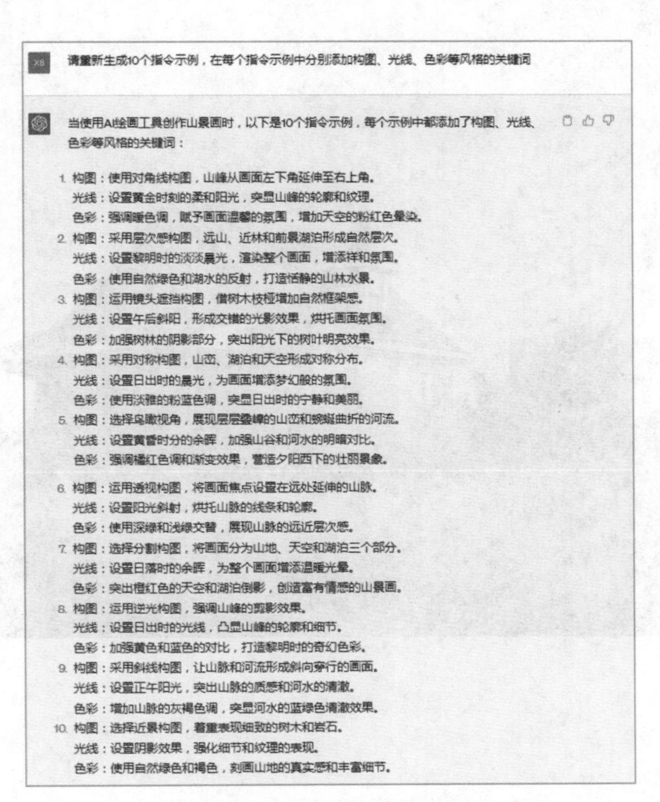

图 2.35　要求 ChatGPT 重新生成一份指令

本章小结

本章主要向读者介绍了 ChatGPT 关键词的获取方法与文本内容的优化技巧等相关知识，包括发现关键词、批量生成同类关键词、对答案设置限制以及进行角色扮演等内容。通过对本章的学习，读者能够更加熟练地使用 ChatGPT。

课后习题

鉴于本章知识的重要性，为了帮助读者更好地掌握所学知识，下面将通过课后习题，帮助读者进行简单的知识回顾和补充。

1. 以 AI 绘画师的身份，要求 ChatGPT 生成一幅山水画作品。
2. 以 AI 绘画师的身份，要求 ChatGPT 生成一幅油画作品。

以文生图：智能文案转优美图像

第 3 章

本章要点

以文生图也就是通过文字生成图片，是生成 AI 绘画作品最基础的也是不可或缺的一个步骤。用户使用 ChatGPT 输入一些描述语句获得想要的关键词或文本，复制下来粘贴到 Midjourney 中，然后使用命令和参数就能生成绘画作品，实现以文生图的效果。

3.1 以文生图的基本流程

以文生图是一种将文本信息转化为图形表示的过程，将文本信息转化为图形表示，以便更直观地展示或呈现文本的结构、关系或其他特征。用户使用 ChatGPT 生成想要转化的文本内容，然后使用 Midjourney 生成图片，使其更符合自己的需求和审美标准。本节将以 ChatGPT 和 Midjourney 为例，介绍以文生图的基本流程。

3.1.1 利用 ChatGPT 生成文本

使用两个软件以文生图首先要把画面的主体内容讲清楚。例如，要创作一幅中国皇宫建筑的画作，可以先让 ChatGPT 帮助生成关键词，然后再通过 Midjourney 进行绘画，具体操作方法如下。

步骤 01 在 ChatGPT 中输入“请帮我简单写 5 个描述中国皇宫建筑特征的关键词，要求 20 个字”，其回答如图 3.1 所示。

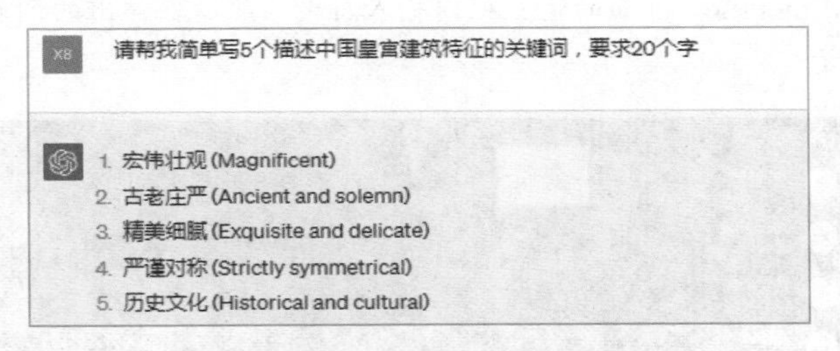

图 3.1 使用 ChatGPT 生成关键词

步骤 02 如果用户觉得生成的内容太少，不够使用，可以在 ChatGPT 中输入“继续写”，随后 ChatGPT 将继续生成关键词，如图 3.2 所示。

图 3.2 继续生成关键词

在 Midjourney 中输入英文关键词效果更佳。从图 3.2 中可以看到，ChatGPT 已经自动把英文翻译放在了关键词后面，如果没有翻译，可以自行使用翻译软件将中文翻译成英文。例如，使用百度翻译将 ChatGPT 生成的关键词翻译为英文，如图 3.3 所示。

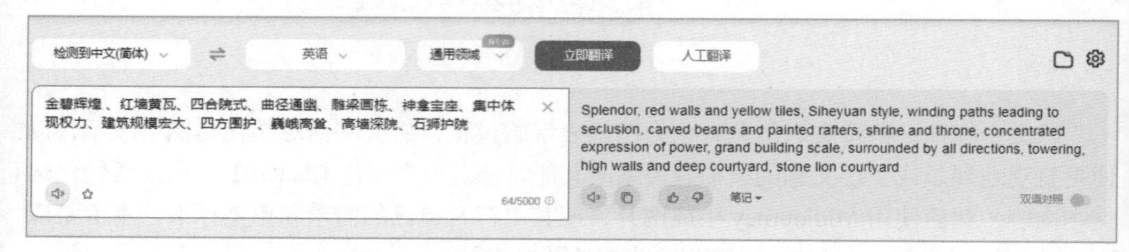

图 3.3　通过百度翻译将关键词转换为英文

3.1.2　粘贴到 Midjourney 中进行绘画

扫码看教程

Midjourney 主要使用 imagine 指令和关键词等文字内容完成 AI 绘画操作，用户应尽量输入英文关键词。注意，AI 模型对于英文单词的首字母大小写格式没有要求，但注意每个关键词中间要添加一个逗号（英文字体格式）或空格。下面介绍在 Midjourney 中通过 imagine 指令生成图片的具体操作方法。

步骤 01 在 Midjourney 下面的输入框内输入符号“/”，在弹出的列表框中选择 imagine 指令，如图 3.4 所示。

图 3.4　选择 imagine 指令

步骤 02 在 imagine 指令后方的 prompt（提示）输入框中输入相应的关键词，如图 3.5 所示。

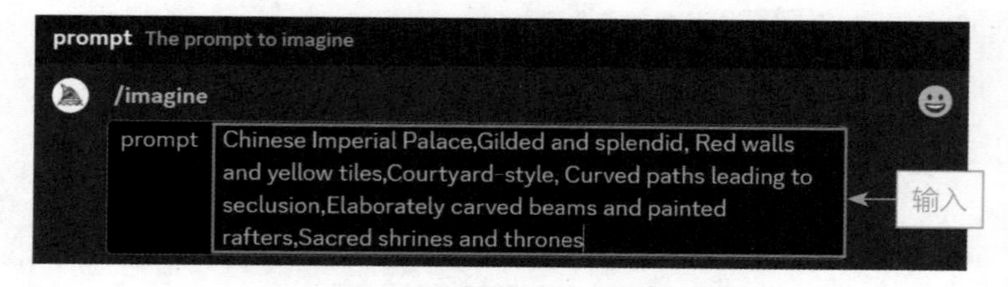

图 3.5　输入相应的关键词

步骤 03 按 Enter 键确认即可看到 Midjourney Bot（机器人）已经开始工作了，并且显示图片的生成进度，如图 3.6 所示。

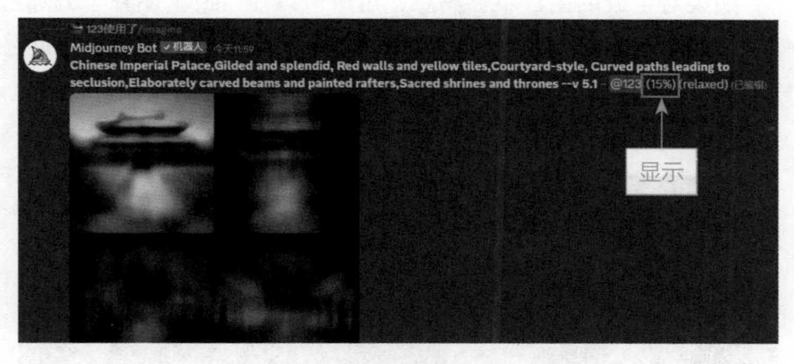

图 3.6 显示图片的生成进度

步骤 04 稍等片刻，Midjourney 将生成 4 张对应的图片，单击 V1 按钮，如图 3.7 所示。V 按钮的功能是以所选的图片样式为模板重新生成 4 张图片。

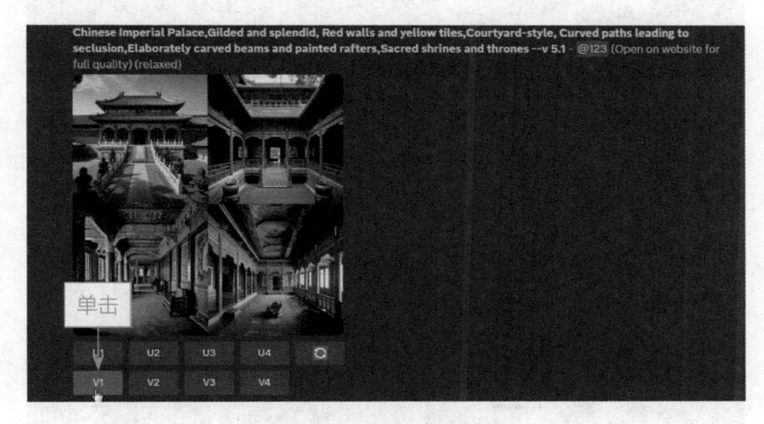

图 3.7 单击 V1 按钮

步骤 05 执行操作后，Midjourney 将以第 1 张图片为模板，重新生成 4 张图片，如图 3.8 所示。

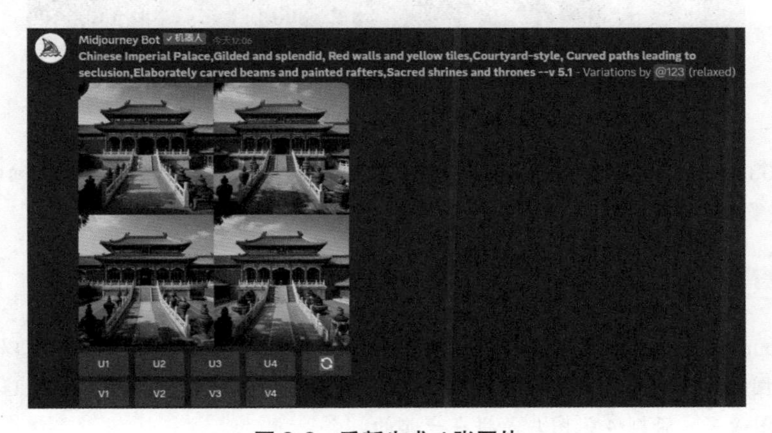

图 3.8 重新生成 4 张图片

3.1.3 重新生成合适的图片

扫码看教程

如果对生成的图片不够满意，用户可以在生成的图片下方通过单击（重做）按钮重新生成图片，Midjourney将会根据原来的关键词重新生成图片，具体的操作方法如下。

步骤 01 在图3.8生成的图片下方单击按钮，如图3.9所示。

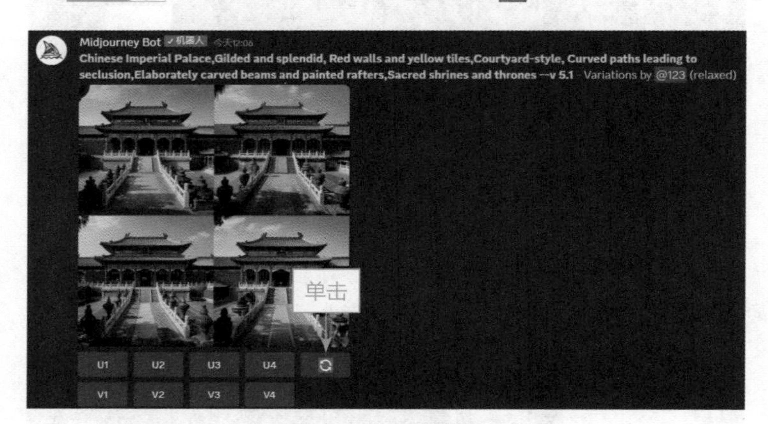

图3.9 单击按钮

步骤 02 执行操作后，Midjourney会再次重新生成4张图片，单击U2按钮，如图3.10所示。用户可以在选择满意的图片后，单击对应的U按钮生成单张图片。

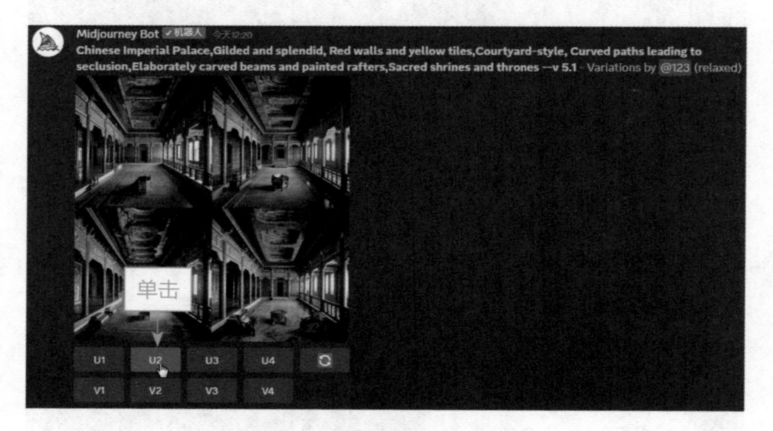

图3.10 单击U2按钮

步骤 03 执行操作后，Midjourney将在第2张图片的基础上进行更加精细的刻画并放大图片，效果如图3.11所示。

温馨提示

Midjourney生成的图片效果下方的U按钮表示放大选中图片的细节，可以生成单张图片的大图效果。如果用户对于4张图片中的某张图片感到满意，可以单击U1～U4按钮生成大图效果，否则4张图片是拼在一起的。

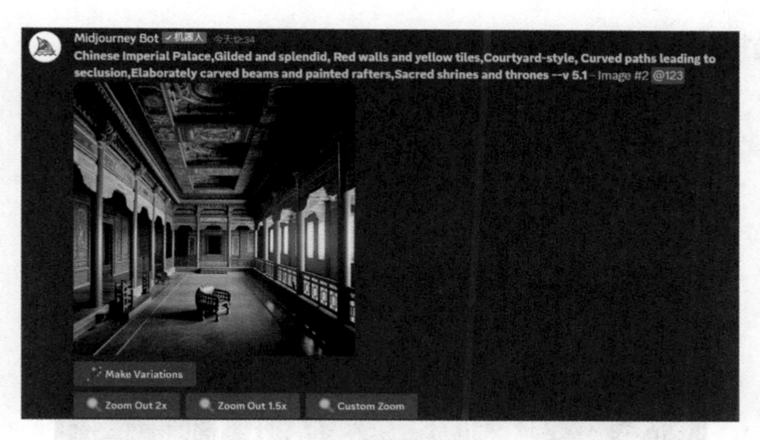

图 3.11　放大图片效果

步骤 04 单击 Make Variations（作出变更）按钮，将以该张图片为模板，重新生成 4 张图片，如图 3.12 所示。

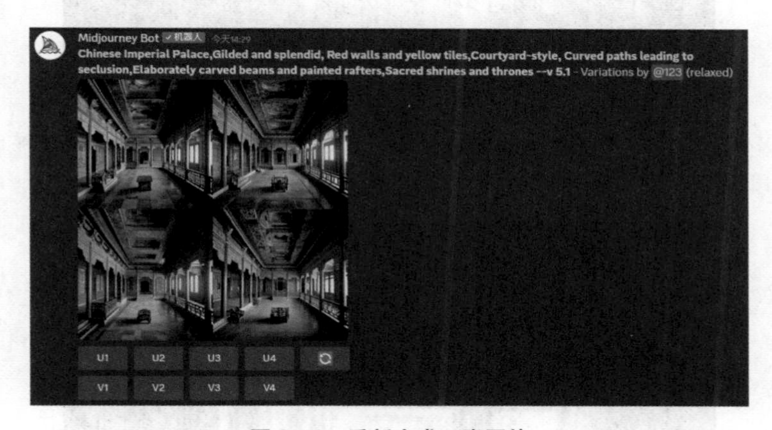

图 3.12　重新生成 4 张图片

步骤 05 单击 U3 按钮，放大第 3 张图片，效果如图 3.13 所示。

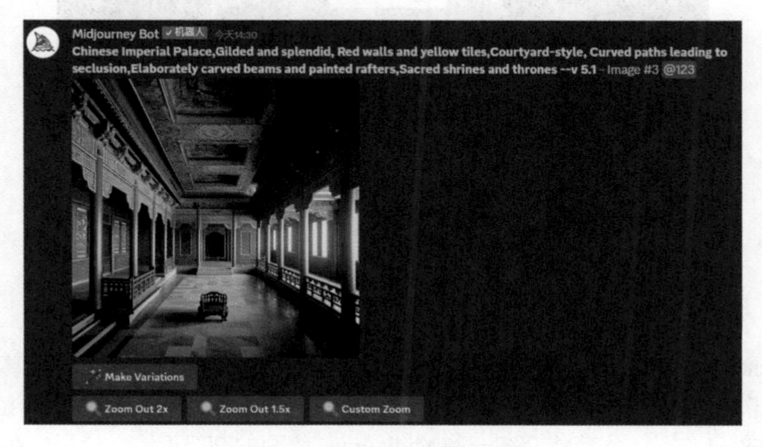

图 3.13　放大第 3 张图片效果

3.1.4 选择图片进行保存

扫码看教程

生成图片后，如果用户觉得还算满意，可以通过单击图片进行放大查看，在弹出的窗口中，将经过放大的图片进行保存，具体的操作方法如下。

步骤 01 单击图片显示大图效果，单击“在浏览器中打开”链接，如图 3.14 所示。

图 3.14 单击“在浏览器中打开”链接

步骤 02 执行操作后，即可在浏览器中预览更大的图片效果；右击，在弹出的快捷菜单中选择“图片另存为”选项，如图 3.15 所示，即可保存图片。

图 3.15 选择“图片另存为”选项

3.2 Midjourney 绘画的高级设置

Midjourney 包含了许多指令与参数，要想绘制出满意的图片，就需要熟练掌握它们并花费一些时间来操作以便提高熟练度。用户可以通过各种指令和关键词改变 AI 绘画的效果，生成更优秀的 AI 作品。本节将介绍一些 Midjourney 绘画的高级设置，让用户在生成图片时更加得心应手。

3.2.1 熟悉常用的 AI 绘画指令

在使用 Midjourney 进行 AI 绘画时，用户可以使用各种指令与 Midjourney Discord 平台上的 Midjourney Bot 进行交互，告诉它想要获得一张什么效果的图片。Midjourney 的指令主要用于创建图片、更改默认设置以及执行其他有用的任务。表 3.1 所列为 Midjourney 中的常用 AI 绘画指令。

表 3.1 Midjourney 中的常用 AI 绘画指令

指 令	描 述
/ask（问）	得到一个问题的答案
/blend（混合）	轻松地将两张图片混合在一起
/daily_theme（每日主题）	切换 #daily-theme 频道更新的通知
/docs（文档）	在 Midjourney Discord 官方服务器中使用，将快速生成一个链接，指向本用户指南中涵盖的主题
/describe（描述）	根据用户上传的图片编写 4 个示例提示词
/faq（常见问题）	在 Midjourney Discord 官方服务器中使用，将快速生成一个链接，指向热门 prompt 技巧频道的常见问题解答
/fast（快速）	切换到快速模式
/help（帮助）	显示 Midjourney Bot 有关的基本信息和操作提示
/imagine（想象）	使用关键词或提示词生成图片
/info（信息）	查看有关用户的账号以及任何排队（或正在运行）的作业信息
/stealth（隐身）	专业计划订阅用户可以通过该指令切换到隐身模式
/public（公共）	专业计划订阅用户可以通过该指令切换到公共模式
/subscribe（订阅）	为用户的账号页面生成个人链接
/settings（设置）	查看和调整 Midjourney Bot 的设置
/prefer option（偏好选项）	创建或管理自定义选项
/prefer option list（偏好选项列表）	查看用户当前的自定义选项
/prefer suffix（偏好后缀）	指定要添加到每个提示词末尾的后缀
/show（展示）	使用图片作业 ID（identity document，账号）在 Midjourney Discord 中重新生成作业
/relax（放松）	切换到放松模式
/remix（混音）	切换到混音模式

3.2.2 指定不需要的元素

在关键词的末尾加上 --no ×× 指令，可以指定不需要的元素，让画面中不出现 ×× 内容。例如，在关键词后面添加 --no plants 指令，表示生成的图片中不出现植物，效果如图 3.16 所示。

图 3.16 添加 --no plants 指令生成的图片效果

温馨提示

用户可以使用 imagine 指令与 Midjourney Discord 上的 Midjourney Bot 互动，该指令用于使用简短的文本说明（即关键词）生成唯一的图片。Midjourney Bot 最适合使用简短的句子描述用户想要看到的内容，避免使用过长的关键词。

3.2.3 调整图片的横纵比

当用户在使用 Midjourney 时，还可以使用 aspect ratios（横纵比）指令更改图片的比例，以此来提高图片的视觉效果，--ar 指令用于更改生成图片的横纵比，通常表示为以冒号分隔两个数字，如 16：9 或者 4：3。

需要注意的是，aspect ratios 指令中的冒号为英文字体格式，且数字必须为整数。Midjourney 中生成的图片默认横纵比为 1：1，效果如图 3.17 所示。

用户可以在关键词后面加 --aspect 指令或 --ar 指令指定图片的横纵比。例如，使用与图 3.17 相同的关键词并在末尾加上 --ar 3：4 指令，即可生成相应尺寸的竖图，效果如图 3.18 所示。需要注意的是，在图片生成或放大的过程中，最终输出的尺寸效果可能会略有修改。

图 3.17 默认横纵比效果

图 3.18 生成相应尺寸的图片

3.2.4 设置图片的变化程度

在 Midjourney 中使用 --chaos（简写为 --c）指令，可以影响图片生成结果的变化程度，能够激发 AI 的创造能力，值（范围为 0～100，默认值为 0）越大，AI 就会越有自己的想法。

在 Midjourney 中输入相同的关键词，较低的 chaos 值具有更可靠的结果，生成的图片效果在风格、构图上比较相似，效果如图 3.19 所示；较高的 chaos 值将产生更多不寻常和意想不到的结果和组合，生成的图片效果在风格、构图上的差异较大，效果如图 3.20 所示。

图 3.19 较低的 chaos 值生成的图片效果

图 3.20 较高的 chaos 值生成的图片效果

3.2.5 设置图片的风格化程度

在 Midjourney 中使用 stylize 指令，可以让生成的图片更具艺术性。较低的 stylize 值生成的图片与关键词密切相关，但艺术性较差，效果如图 3.21 所示。

较高的 stylize 值生成的图片非常具有艺术性，但与关键词的关联性也较低，AI 会有更多的自由发挥空间，效果如图 3.22 所示。

图 3.21　较低的 stylize 值生成的图片效果

图 3.22　较高的 stylize 值生成的图片效果

3.2.6 提升以图生图的权重

扫码看教程

当在 Midjourney 中以图生图时，使用 iw 指令可以提升图片权重，即调整提示的图片（参考图）与文本部分（提示词）的重要性。

当用户使用的 iw 值（0.5～2）越大，表明上传的图片对输出的结果影响越大。需要注意的是，Midjourney 中指令的参数值如果为小数（整数部分是 0），则只需加小数点即可，前面的 0 不用写出来。下面介绍提升以图生图的权重的具体操作方法。

步骤 01 在 Midjourney 中使用 describe 指令上传一张参考图并生成相应的提示词，如图 3.23 所示。

步骤 02 单击参考图，在弹出的预览图中右击，在弹出的快捷菜单中选择“复制图片地址”选项，如图 3.24 所示，复制图片链接。

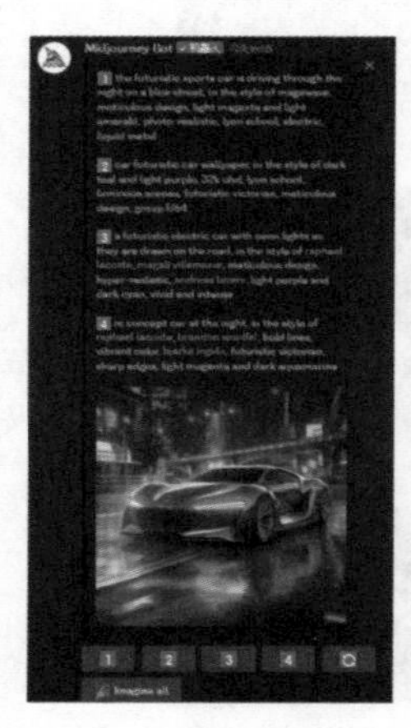
图 3.23　生成相应的提示词

图 3.24　选择“复制图片地址”选项

步骤 03 调用 imagine 指令，将复制的图片链接和选择的相应关键词输入 prompt 输入框中，在后面输入 --iw 2 指令，如图 3.25 所示。

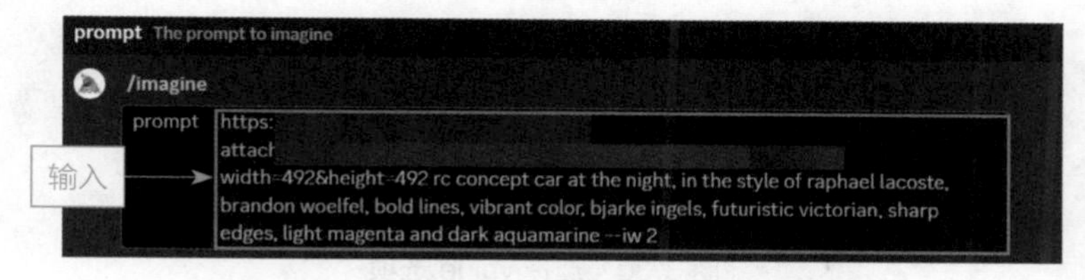

图 3.25 输入相应的图片链接、关键词和指令

步骤 04 按 Enter 键确认即可生成与参考图风格相似的图片，效果如图 3.26 所示。

步骤 05 单击 U1 按钮，生成第 1 张图片的大图效果，如图 3.27 所示。

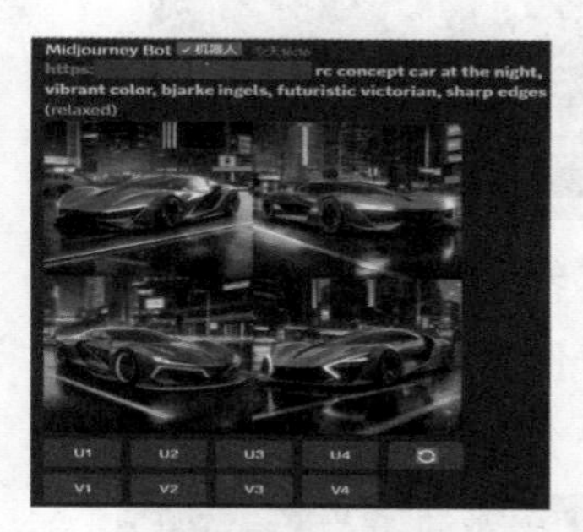

图 3.26 生成与参考图风格相似的图片效果

图 3.27 生成第 1 张图片的大图效果

3.2.7 将关键词保存为标签

在通过 Midjourney 进行 AI 绘画时，可以使用 prefer option set（创建自定义变量）指令将一些常用的关键词保存在一个标签中，这样每次绘画时就不用重复输入一些相同的关键词。下面介绍将关键词保存为标签的具体操作方法。

扫码看教程

步骤 01 在 Midjourney 下面的输入框内输入“/”，在弹出的列表框中选择 prefer option set 指令，如图 3.28 所示。

步骤 02 执行操作后，在 option（选项）文本框中输入相应的名称，如 label（标签），如图 3.29 所示。

图 3.28 选择 prefer option set 指令

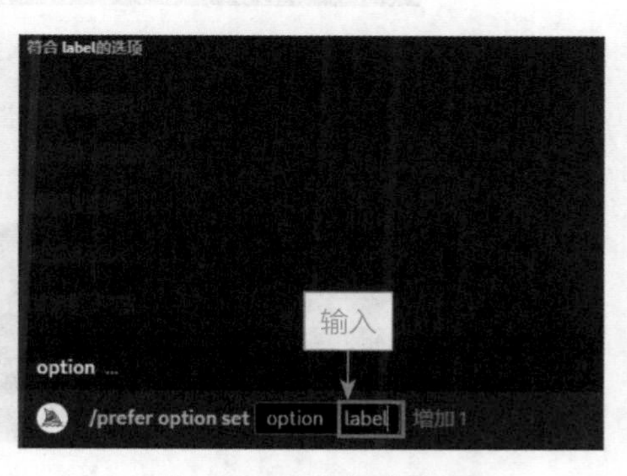

图 3.29 输入相应的名称

步骤 03 执行操作后，单击“增加 1”按钮，在上方的“选项”列表框中选择 value（参数值）选项，如图 3.30 所示。

图 3.30 选择 value 选项

步骤 04 执行操作后，在 value 输入框中输入相应的关键词，如图 3.31 所示。这里的关键词就是所要添加的一些固定的指令。

图 3.31 输入相应的关键词

步骤 05 按 Enter 键确认，即可将上述关键词存储到 Midjourney 的服务器中，如图 3.32 所示，从而给这些关键词打上一个统一的标签，标签名称就是 label。

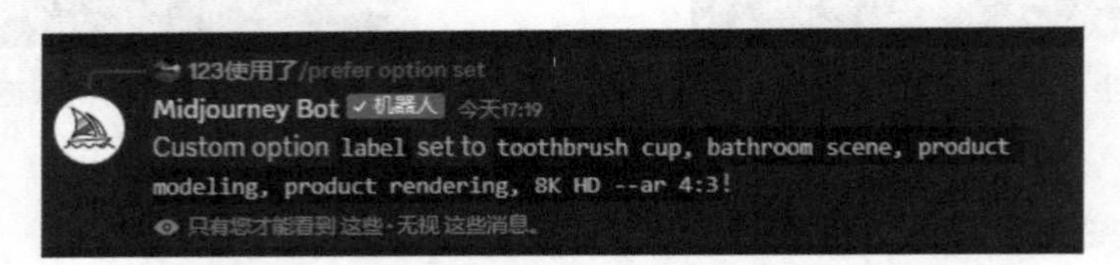

图 3.32 存储关键词

步骤 06 在 Midjourney 中通过 imagine 指令输入相应的关键词，主要用于描述主体，如图 3.33 所示。

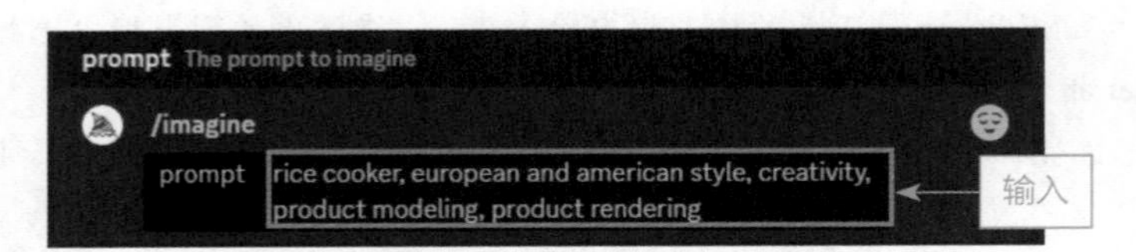

图 3.33 输入描述主体的关键词

步骤 07 在关键词的后面添加一个空格并输入 --label 指令，即调用 label 标签，如图 3.34 所示。

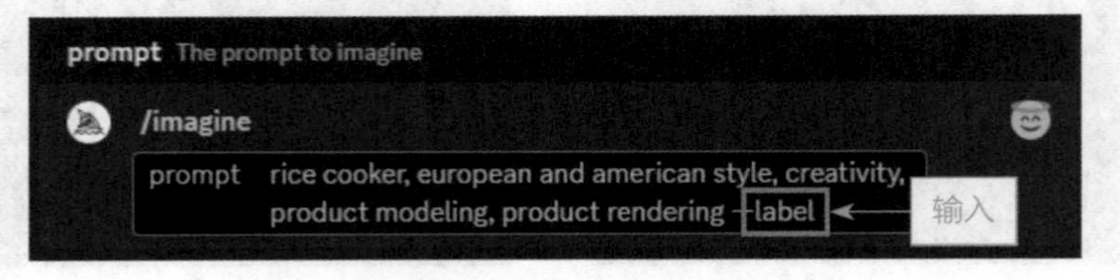

图 3.34 输入 --label 指令

步骤 08 按 Enter 键确认，即可生成相应的图片，效果如图 3.35 所示。可以看到，Midjourney 在绘画时会自动添加 label 标签中的关键词。

步骤 09 单击 U1 按钮，放大第 1 张图片，效果如图 3.36 所示。

图 3.35 生成相应的图片

图 3.36 放大第 1 张图片效果

Midjourney 生成的文字都是一些不规则的乱码，它目前无法生成精准的文字内容，用户只能在后期通过 Photoshop 等软件添加文字效果。

3.2.8 添加指令提高图片质量

在关键词后面添加 --quality（简写为 --q）指令，可以改变图片生成的质量，不过高质量的图片需要更长的时间来处理细节。更高的质量意味着每次生成耗费的 GPU（graphics processing unit，图形处理器）分钟数也会增加。

例如，通过 imagine 指令输入相应的关键词，在关键词的结尾处加上 --quality.25 指令，即可以最快的速度生成极不详细的图片效果，可以看到花朵的细节变得非常模糊，如图 3.37 所示。

图 3.37 极不详细的图片效果

通过 imagine 指令输入相同的关键词，在关键词的结尾处加上 --quality.5 指令，即可生成不太详细的图片，效果如图 3.38 所示，与不使用 --quality 指令时的效果差不多。

图 3.38　不太详细的图片效果

继续通过 imagine 指令输入相同的关键词，在关键词的结尾处加上 --quality 1 指令，即可生成具有更多细节的图片，效果如图 3.39 所示。

图 3.39　具有更多细节的图片效果

温馨提示

需要注意的是，更高的 quality 值并不总是更好，有时较低的 quality 值可以产生更好的结果，这取决于用户对作品的期望。例如，较低的 quality 值比较适合绘制抽象主义风格的画作。

3.2.9　获取种子值生成连贯场景

扫码看教程

在使用 Midjourney 生成图片时，会有一个从模糊的“噪点”逐渐变得具体清晰的过程，而这个“噪点”的起点就是“种子”，即 seed，Midjourney 依靠它来创建一个“视觉噪声场”，作为生成初始图片的起点。

种子值是 Midjourney 为每张图片随机生成的，但可以使用 --seed 指令指定。在 Midjourney 中使用相同的种子值和关键词将产生相同的出图结果，利用这点可以生成连贯且一致的人物形象或场景。

下面介绍获取图片种子值的具体操作方法。

步骤 01 在 Midjourney 中生成相应的图片后，在该消息上方单击（添加反应）按钮，如图 3.40 所示。

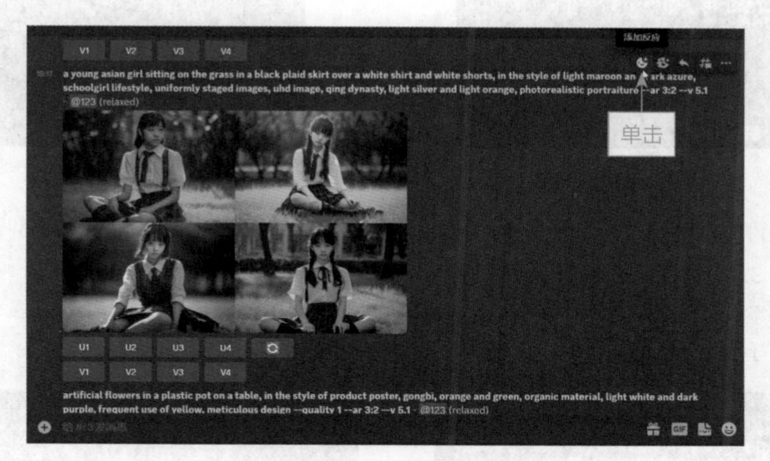

图 3.40 单击按钮

步骤 02 执行操作后，打开“反应”对话框，如图 3.41 所示。

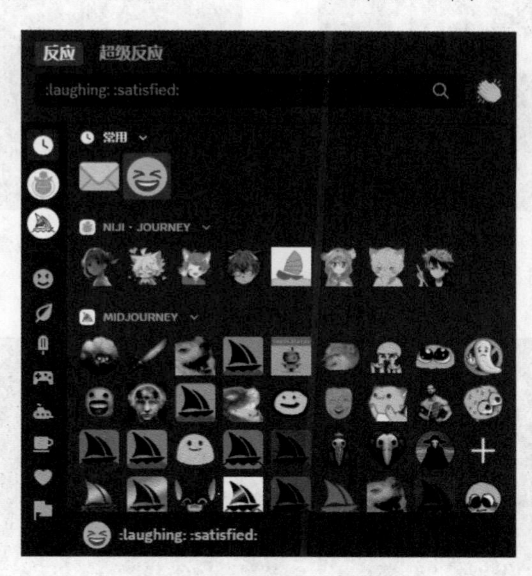

图 3.41 “反应”对话框

步骤 03 在搜索框中输入 envelope（信封）并单击搜索结果中的（信封）按钮，如图 3.42 所示。

步骤 04 执行操作后，Midjourney Bot 将会给用户发送一条消息，单击（Midjourney Bot）按钮，如图 3.43 所示。

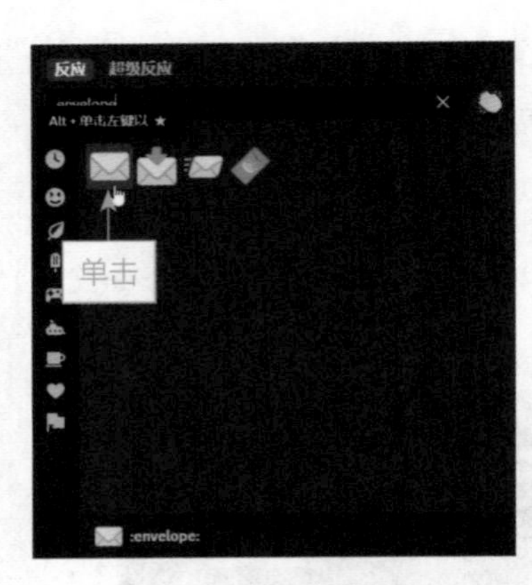

图 3.42　单击✉按钮

图 3.43　单击⛵按钮

步骤 05　执行操作后，即可看到 Midjourney Bot 发送的 Job ID（作业 ID）和图片的种子值，如图 3.44 所示。

步骤 06　此时可以对关键词进行适当修改，在结尾处加上 --seed 指令，在指令后面输入图片的种子值，然后再生成新的图片，效果如图 3.45 所示。

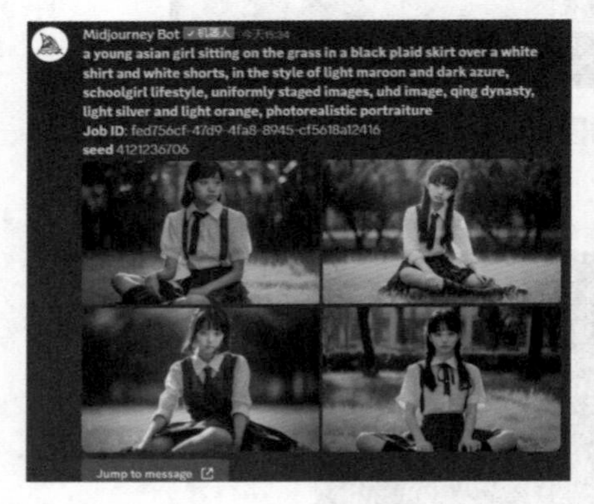

图 3.44　Job ID 和图片的种子值

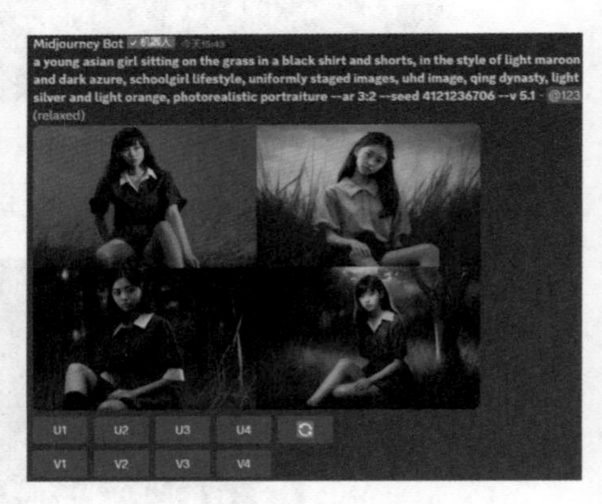

图 3.45　生成新的图片效果

步骤 07　单击 U3 按钮，放大第 3 张图片，效果如图 3.46 所示。

图 3.46　放大第 3 张图片效果

本章小结

本章主要向读者介绍了 Midjourney 的以文生图的基本流程，以及 Midjourney 的相关指令设置，具体内容包括熟悉常用的 AI 绘画指令、指定不需要的元素、调整图片的横纵比、设置图片的变化程度、设置图片的风格化程度等。通过对本章的学习，读者能够更好地掌握使用 Midjourney 以文生图的操作方法。

课后习题

鉴于本章知识的重要性，为了帮助读者更好地掌握所学知识，下面将通过课后习题，帮助读者进行简单的知识回顾和补充。

1. 使用 Midjourney 生成一张不含人物的图片。
2. 使用 Midjourney 生成一张 chaos 值为 200 的图片。

以图生图：图片智能加工成画作

第4章

本章要点

在 Midjourney 中，以图生图是一个很好用的功能，它是借助于深度学习网络以及大量的数据和多层特征提取的方式实现的，可以帮助用户更好地参考或对照两者的差异，使用户的选择更加广泛。本章主要介绍以图生图的基本流程以及利用 Midjourney 的相关指令生成更高级的图片的用法。

4.1 以图生图的流程

以图生图是一种使用计算机程序根据给定的文字描述或指令生成相应图片的技术。用户将下载好的图片上传至 Midjourney，然后根据指令让 Midjourney Bot 生成更符合预期和需求的图片。本节将以 ChatGPT 和 Midjourney 为例，介绍以图生图的基本流程。

4.1.1 保存图片链接

Midjourney 通过对大量的图片数据进行训练，使计算机程序能够学习图片中的模式、结构和语义信息。例如，要创作一张宫崎骏电影风格的柴犬图片，可以先使用 Midjourney 生成一张小狗的图片作为参考图片，然后保存它的链接，具体操作方法如下。

扫码看教程

步骤 01 通过 imagine 指令输入关键词 a smiling Shiba Inu --v5.1（一只微笑着的柴犬），随后 Midjourney 生成柴犬的图片，如图 4.1 所示。

步骤 02 如果对生成的图片觉得满意，可以在生成的 4 张图片中选择一张合适的图片，单击 U 按钮即可进行选择。这里选择第 2 张图片，所以单击 U2 按钮，生成的图片如图 4.2 所示。

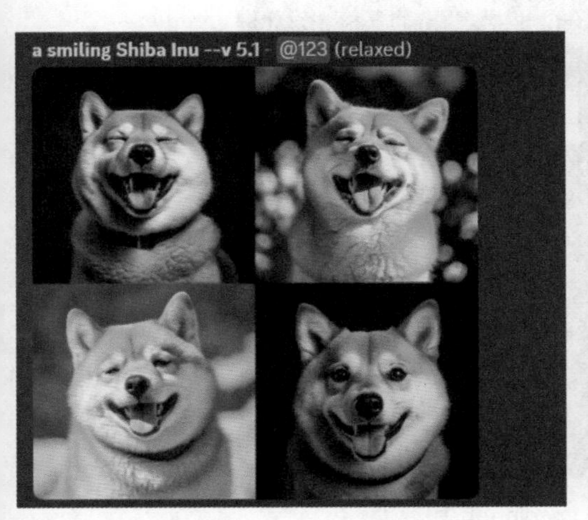

图 4.1 Midjourney 生成的柴犬图片

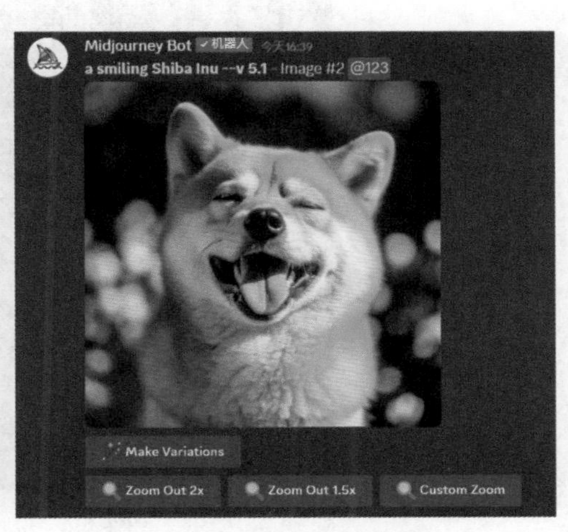

图 4.2 单击 U2 按钮生成的图片

步骤 03 生成图片后，单击图片显示大图效果，然后单击“在浏览器中打开”链接，执行操作后，即可在浏览器的新窗口中打开该图片，如图 4.3 所示，然后复制打开的链接地址。

图 4.3　在浏览器的新窗口中打开柴犬图片

4.1.2　上传参考图片

扫码看教程

复制好链接后，返回到 Midjourney 中，然后把链接粘贴到 Midjourney 的指令输入框中，就可以通过 Midjourney 生成图片效果，具体操作方法如下。

步骤 01 在 Midjourney 下面的输入框内输入“/”，在弹出的列表框中选择 imagine 指令，如图 4.4 所示。

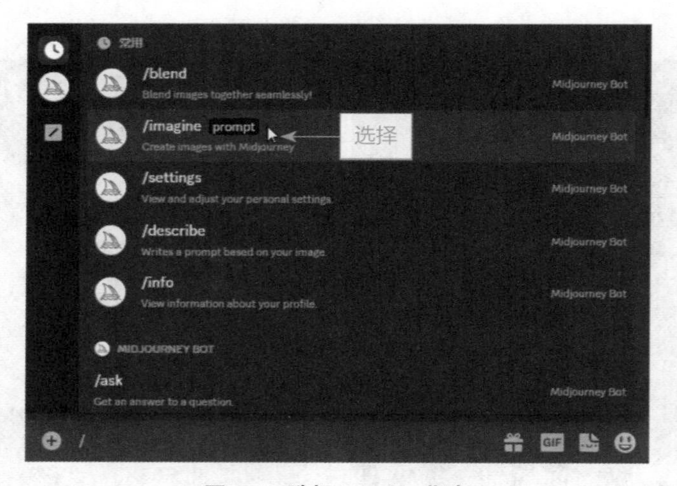

图 4.4　选择 imagine 指令

步骤 02 将复制的链接粘贴到指令的输入框中，如图 4.5 所示。

图 4.5　将链接粘贴到指令的输入框中

4.1.3 粘贴 ChatGPT 生成的 prompt

要创作一张宫崎骏电影风格的柴犬图片，可以先让 ChatGPT 生成关键词，然后添加到 Midjourney 中的链接的后面，具体操作方法如下。

扫码看教程

步骤 01 在 ChatGPT 中输入关键词“请帮我简单写 5 个描述宫崎骏电影风格的关键词，要求不超过 10 个字”，ChatGPT 的回答如图 4.6 所示。

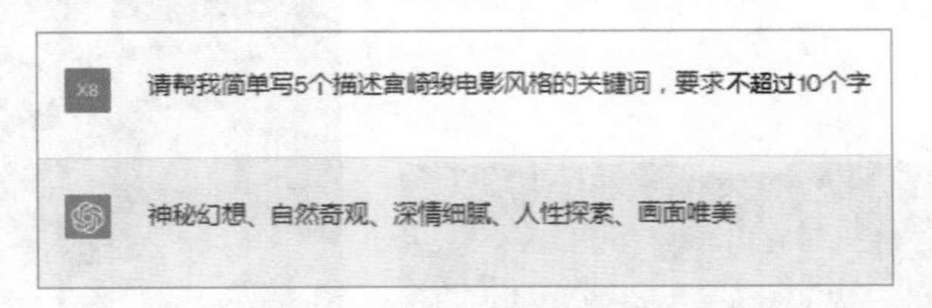

图 4.6 使用 ChatGPT 生成关键词

步骤 02 如果用户对生成的内容不够满意，可以单击下方的 Regenerate response（重新生成响应）按钮重新生成回答，回答的内容如图 4.7 所示。

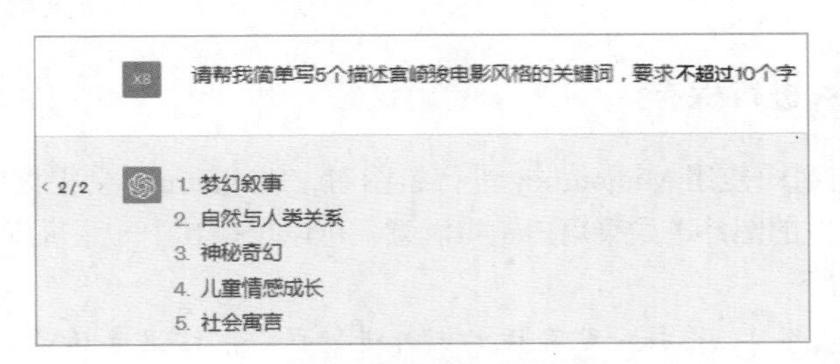

图 4.7 重新生成的内容

步骤 03 选择合适的内容复制下来，粘贴到百度翻译的文本框中，翻译成英文，如图 4.8 所示。

图 4.8 通过百度翻译将关键词翻译为英文

4.1.4 发送给 Midjourney

通常情况下，用户使用英文在 Midjourney 中输入关键词。把翻译成英文的关键词复制下来，粘贴至链接的后面，然后通过 Midjourney 生成图片，具体的操作方法如下。

扫码看教程

步骤 01 在 Midjourney 中的链接的后面粘贴翻译后的英文关键词，然后在此基础上加上关键词 Hayao Miyazaki Film Style（宫崎骏电影风格），如图 4.9 所示。

步骤 02 按 Enter 键确认，Midjourney 将按照输入的关键词生成 4 张对应的图片，如图 4.10 所示。

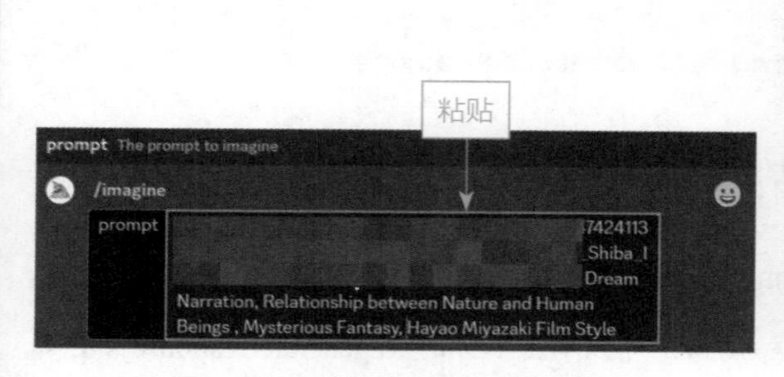

图 4.9 在链接的后面加上关键词

图 4.10 按照关键词生成 4 张图片

4.1.5 选择图片进行保存

扫码看教程

当用户使用 Midjourney 进行绘图时，Midjourney 会根据输入的关键词生成 4 张对应的图片，如果用户觉得满意，可以选择其中一张进行保存，具体的操作方法如下。

步骤 01 选择一张合适的图片进行保存，这里选择第 1 张图片，单击 U1 按钮，如图 4.11 所示。

步骤 02 执行操作后，Midjourney 将在第 1 张图片的基础上进行更加精细的刻画并放大图片，效果如图 4.12 所示。

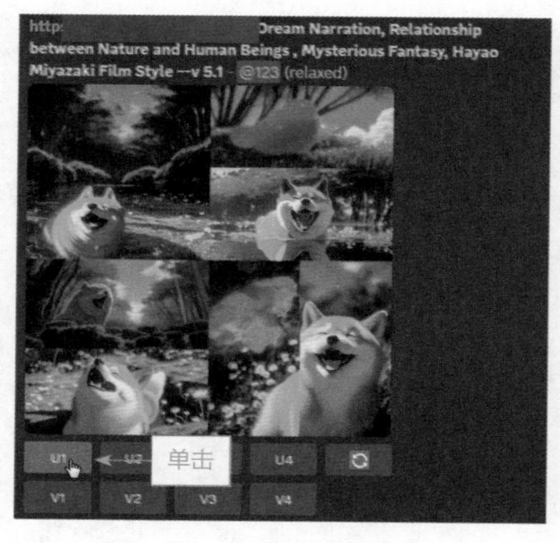

图 4.11 单击 U1 按钮

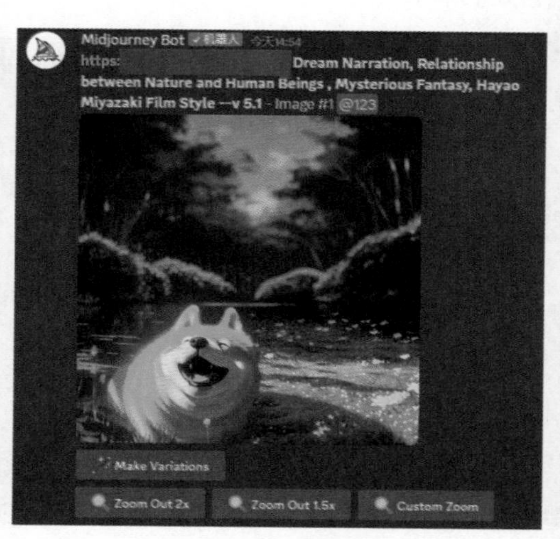

图 4.12 放大图片效果

步骤 03 单击图片显示大图效果，单击“在浏览器中打开”链接，执行操作后，即可在浏览器中预览更大的图片效果；在图片上右击，在弹出的快捷菜单中选择“图片另存为”选项，如图 4.13 所示，即可保存图片。

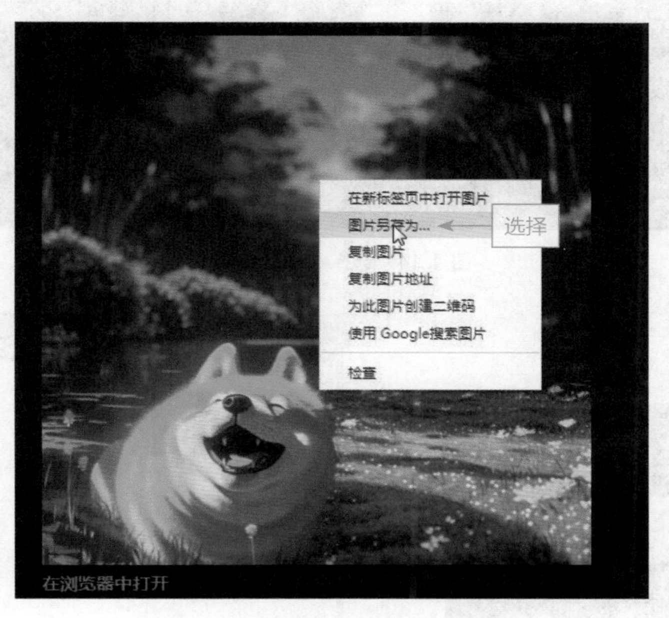

图 4.13 选择“图片另存为”选项

4.2 以图生图的进阶用法

除了 4.1 节的通过复制图片链接的方法以图生图外，还可以通过其他指令生成 AI 图片，本节将以 Midjourney 为例，介绍以图生图的 3 个进阶用法。

4.2.1 通过 describe 指令生成图片

在 Midjourney 中，用户可以使用 describe 指令获取图片的提示，然后再根据提示内容和图片链接生成类似的图片，这个过程就称为“以图生图”，也称为“垫图”。需要注意的是，提示词就是关键词或指令的统称，网上大部分用户也将其称为“咒语”。下面介绍在 Midjourney 中通过 describe 指令生成图片的具体操作方法。

扫码看教程

步骤 01 在 Midjourney 下面的输入框内输入“/”，在弹出的列表框中选择 describe 指令，如图 4.14 所示。

步骤 02 执行操作后，单击 (上传）按钮，如图 4.15 所示。

步骤 03 执行操作后，打开“打开”对话框，选择相应的图片，如图 4.16 所示。

图 4.14　选择 describe 指令

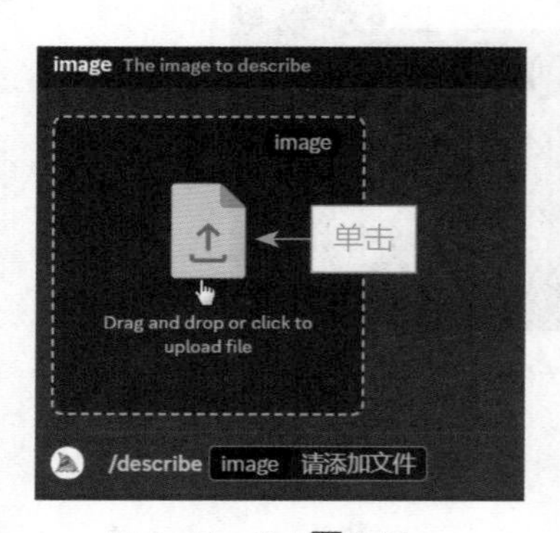

图 4.15　单击按钮

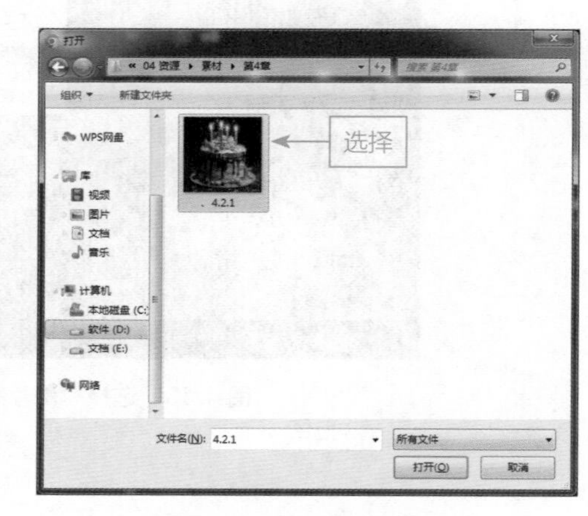

图 4.16　选择相应的图片

步骤 04 单击“打开”按钮，将图片添加到 Midjourney 的输入框中，如图 4.17 所示，按两次 Enter 键进行确认。

步骤 05 执行操作后，Midjourney 会根据用户上传的图片生成 4 段提示词，如图 4.18 所示。用户可以通过复制提示词或单击下面的 1～4 按钮，以该图片为模板生成新的图片效果。

图 4.17　添加到 Midjourney 的输入框中

图 4.18　生成 4 段提示词

步骤 06 单击生成的图片，在弹出的预览图中右击，在弹出的快捷菜单中选择“复制图片地址”选项，如图 4.19 所示，复制图片链接。

图 4.19　选择“复制图片地址”选项

步骤 07 执行操作后，在图片下方单击 1 按钮，如图 4.20 所示。

步骤 08 打开 Imagine This!（想象一下！）对话框，在 PROMPT 文本框中的关键词前面粘贴复制的图片链接，如图 4.21 所示。需要注意的是，图片链接和关键词中间要添加一个空格。

图 4.20　单击 1 按钮

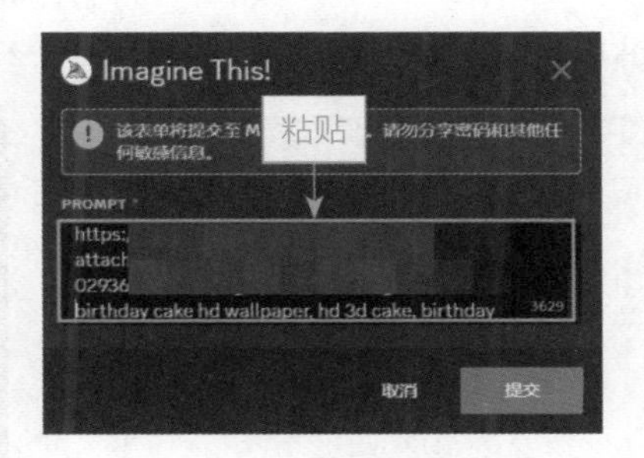

图 4.21　粘贴复制的图片链接

步骤 09 单击“提交”按钮，将以参考图为模板生成 4 张图片，如图 4.22 所示。

步骤 10 单击 U1 按钮，放大第 1 张图片，效果如图 4.23 所示。

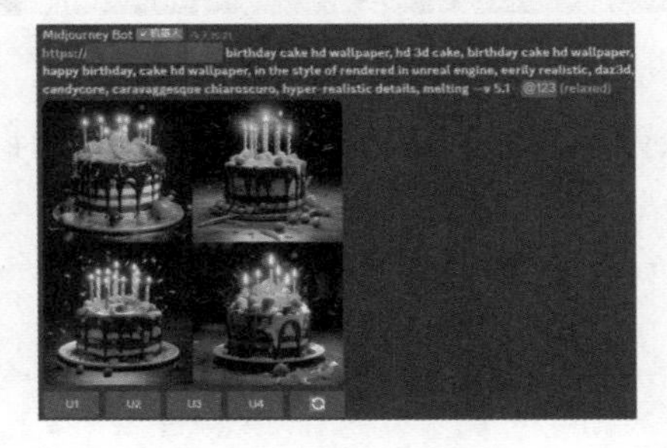

图 4.22　生成 4 张图片

图 4.23　放大第 1 张图片效果

4.2.2 通过 blend 指令生成图片

扫码看教程

在 Midjourney 中，用户可以使用 blend 指令快速上传 2～5 张图片，然后查看每张图片的特征并将它们混合生成一张新的图片。下面介绍在 Midjourney 中通过 blend 指令生成图片的具体操作方法。

步骤 01 在 Midjourney 下面的输入框内输入“/”，在弹出的列表框中选择 blend 指令，如图 4.24 所示。

步骤 02 执行操作后，出现两个图片框，单击左侧的按钮，如图 4.25 所示。

图 4.24 选择 blend 指令

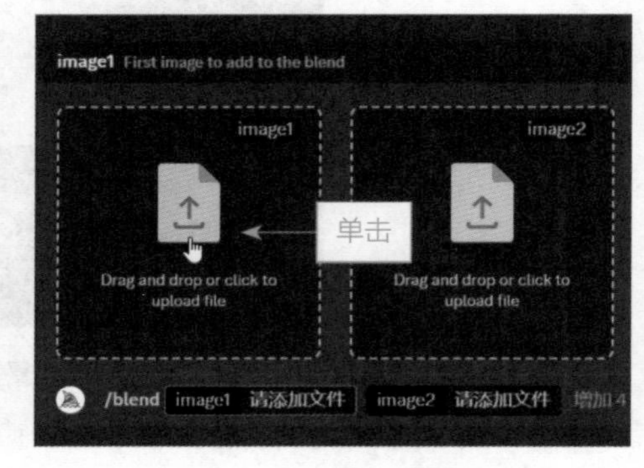

图 4.25 单击左侧的按钮

步骤 03 执行操作后，打开“打开”对话框，选择相应的图片，如图 4.26 所示。

步骤 04 单击“打开”按钮，将图片添加到左侧的图片框中。使用同样的操作方法在右侧的图片框中添加一张图片，结果如图 4.27 所示。

图 4.26 选择相应的图片

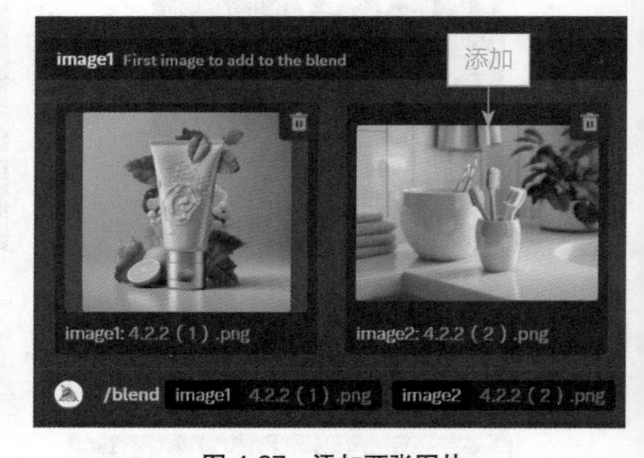

图 4.27 添加两张图片

步骤 05 连续按两次 Enter 键，Midjourney 会自动完成图片的混合操作并生成 4 张新的图片，这是没有添加任何关键词的效果，如图 4.28 所示。

步骤 06 单击 U2 按钮，放大第 2 张图片，效果如图 4.29 所示。

图 4.28　生成 4 张新的图片

图 4.29　放大第 2 张图片

4.2.3　通过 Remix mode 生成图片

使用 Midjourney 的 Remix mode（混音模式）可以更改关键词、参数、模型版本或变体之间的横纵比，让 AI 绘画变得更加灵活、多变，下面介绍具体的操作方法。

扫码看教程

步骤 01 在 Midjourney 下面的输入框内输入“/”，在弹出的列表框中选择 settings 指令，如图 4.30 所示。

步骤 02 按 Enter 键确认，即可调出 Midjourney 的设置面板，在该面板中会显示 Midjourney 的版本和风格设置等数据，如图 4.31 所示。

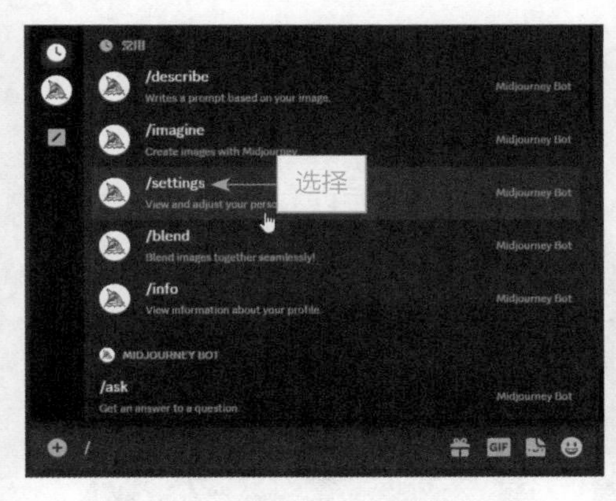

图 4.30　选择 settings 指令

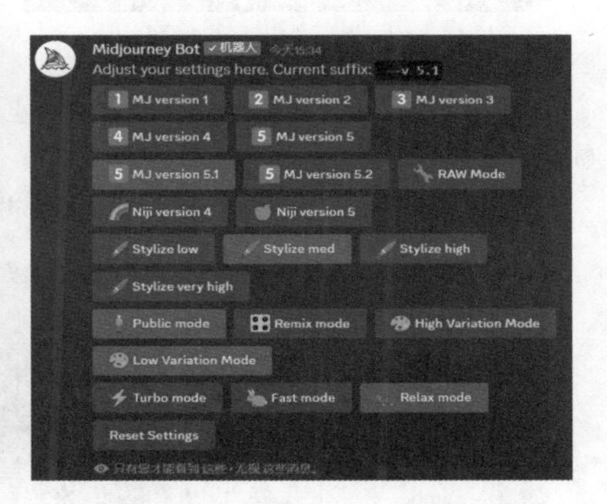

图 4.31　调出 Midjourney 的设置面板

步骤 03 在设置面板中，单击 Remix mode 按钮，如图 4.32 所示，即可开启混音模式（按钮显示为绿色）。

步骤 04 通过 imagine 指令输入相应的关键词，生成的图片效果如图 4.33 所示。

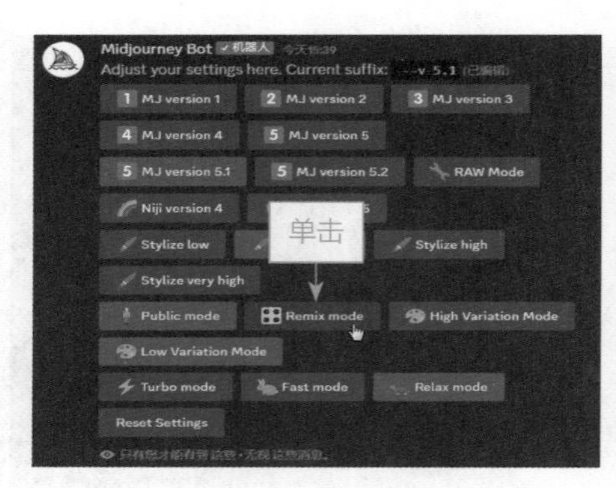

图 4.32　单击 Remix mode 按钮

图 4.33　生成的图片效果

步骤 05 单击 V2 按钮，打开 Remix Prompt（混音提示）对话框，如图 4.34 所示。

步骤 06 适当修改其中的某个关键词，如将 lychee（荔枝）改为 orange（橙子），如图 4.35 所示。

图 4.34　Remix Prompt 对话框

图 4.35　修改某个关键词

步骤 07 单击"提交"按钮即可重新生成相应的图片，将图中的荔枝变成橙子，效果如图 4.36 所示。

步骤 08 单击 U2 按钮，放大第 2 张图片，效果如图 4.37 所示。

图 4.36　重新生成相应的图片效果

图 4.37　放大第 2 张图片

本章小结

本章主要向读者介绍了使用 AI 绘画以图生图的基本流程，从保存图片链接、上传参考图片、粘贴指令、发送指令到保存图片进行了全流程的操作讲解，还帮助读者了解了以图生图的进阶用法。通过对本章的学习，读者将对以图生图的操作更加熟练。

课后习题

鉴于本章知识的重要性，为了帮助读者更好地掌握所学知识，下面将通过课后习题，帮助读者进行简单的知识回顾和补充。

1. 利用任意素材图片，通过 describe 指令生成新的图片。
2. 通过 blend 指令将任意 2 张图片混合成 1 张图片。

绘画实战：从艺术创作到商业领域

第5章

本章要点

AI绘画不仅可以在艺术绘画领域为人们提供丰富的AI作品，而且可以在商业领域为产品设计赋予无限可能，不管是游戏插画、活动海报还是电商广告等产品的制作，都能为人们提供多种思路与作品，为各个商业领域制作出引人注目的图片和视频等内容，让产品呈现出最佳宣传效果。

5.1 生成游戏插画

插画是一种视觉艺术形式，通常是指为书籍、杂志、漫画、广告以及游戏等媒体创作的插图或图画。它与绘画和动画等形式有所区别，更强调于在文字内容或故事情节中起到补充、说明或装饰作用的图片。

游戏插画是指在游戏中使用的绘画作品，通常用于呈现游戏的场景、角色、物品以及特效等视觉元素。它可以采用不同的风格和技巧，如卡通风格、写实风格以及像素风格等，以适应不同类型和风格的游戏。游戏插画可以出现在游戏界面、剧情场景、封面、海报以及卡牌等各种媒介中，为玩家提供视觉上的享受和游戏体验。本节以 ChatGPT 和 Midjourney 为例，讲解生成游戏插画的方法与技巧。

5.1.1 生成游戏的相关信息

在制作游戏插画之前，需要使用 ChatGPT 快速得到游戏的相关信息，下面以 ChatGPT 为例，介绍生成游戏相关信息的操作方法。

扫码看教程

步骤 01 在 ChatGPT 中输入“请描述你所认知的游戏插画”，按 Enter 键，ChatGPT 即可根据内容生成游戏插画的关键词文案，如图 5.1 所示。

XB 请描述你所认知的游戏插画

游戏插画是指在电子游戏中使用的绘画作品，用于呈现游戏世界、角色、场景和故事情节等。这些插画通常由专业的艺术家或游戏设计师创作，旨在通过视觉效果增强游戏的沉浸感和吸引力。

游戏插画可以采用各种不同的风格和技术，包括传统的手绘、数码绘画和像素艺术等。它们可以表现出各种不同的情感和氛围，从明亮、欢快的插图到黑暗、恐怖的场景，都能通过插画的形式得以呈现。

在角色插画方面，游戏插画可以展示各种不同类型的角色，包括勇敢的英雄、邪恶的反派、可爱的小动物以及神秘的生物等。角色插画通常注重呈现角色的外观、服装、特征和个性，以使玩家能够更好地理解和连接角色。

场景插画则用于描绘游戏中的各种环境和场景，包括城市街道、森林、沙漠、山脉、室内建筑等。这些插画可以通过细节和色彩来创造独特的氛围和感觉，使玩家沉浸在游戏的虚拟世界中。

此外，游戏插画还可以用于展示游戏中的物品、道具和特殊效果。这些插画可以帮助玩家识别和理解游戏中的各种元素，并在游戏过程中提供视觉引导和反馈。

总的来说，游戏插画是游戏设计中不可或缺的一部分，它们以各种形式和风格展现了游戏的世界和故事，为玩家创造了一个视觉上引人入胜的体验。

图 5.1 生成游戏插画的关键词文案

游戏插画的设计需要综合考虑游戏的风格、主题、用户体验和技术限制，以创造出符合游戏需求的视觉呈现。

步骤 02 继续向 ChatGPT 提问，在 ChatGPT 中输入“优秀的游戏开发公司”，随后，ChatGPT 列举了多个游戏开发公司，如图 5.2 所示。

优秀的游戏开发公司

以下是一些在游戏开发领域中被广泛认为优秀的公司：

1. 任天堂（Nintendo）：任天堂是一家日本游戏开发和发行公司，创造了许多经典游戏系列，如《超级马里奥》、《塞尔达传说》和《精灵宝可梦》等。
2. 索尼互动娱乐（Sony Interactive Entertainment）：索尼互动娱乐是索尼集团旗下的游戏开发和发行部门，他们开发了一系列受欢迎的游戏，如《神秘海域》、《战神》和《最后生还者》等。
3. 皮克斯（Pixar）：虽然主要以动画电影著名，但皮克斯也在游戏领域有出色表现。他们合作开发了多款受欢迎的游戏，如《无敌破坏王》和《超能陆战队》。
4. 育碧（Ubisoft）：育碧是一家法国游戏开发和发行公司，创造了多个知名游戏系列，如《刺客信条》、《孤岛惊魂》和《彩虹六号围攻》等。
5. 美国艺电（Electronic Arts）：美国艺电是全球最大的独立游戏发行商之一，他们开发和发行了众多受欢迎的游戏，如《模拟人生》系列、《战地》系列和《FIFA》系列等。
6. CD Projekt RED：这是一家波兰游戏开发公司，最著名的作品是《巫师》系列游戏，其中《巫师3：狂猎》备受赞誉。
7. 冰雪互动（Blizzard Entertainment）：冰雪互动是一家美国游戏开发和发行公司，他们开发了一些具有广泛影响力和忠实粉丝群体的游戏，如《魔兽世界》、《暗黑破坏神》和《守望先锋》等。
8. 皮克斯（Square Enix）：Square Enix是一家日本游戏开发和发行公司，他们开发了多个受欢迎的游戏系列，如《最终幻想》、《王国之心》和《勇者斗恶龙》等。

这只是一小部分优秀的游戏开发公司，还有许多其他公司也在游戏行业中取得了卓越的成就。

图 5.2　ChatGPT 列举了多个游戏开发公司

温馨提示

任天堂是一家日本的游戏和消费电子产品公司，成立于 1889 年。它以开发和发行各种受欢迎的游戏系列而闻名，除了游戏业务，任天堂还涉足其他领域，如卡片游戏、动画和电影制作等。总体来说，任天堂是一家备受喜爱和广泛认可的游戏公司，为玩家带来了许多经典和难忘的游戏体验。

步骤 03 这里以任天堂为例，让 ChatGPT 继续生成对应的文案。在下方输入“任天堂有哪些优秀的游戏作品”，ChatGPT 的回答如图 5.3 所示。

X8 任天堂有哪些优秀的游戏作品

任天堂以其创造性和优秀的游戏作品而闻名于世。以下是一些任天堂优秀的游戏作品的例子：

1. 超级马里奥系列（Super Mario series）：这是任天堂最知名和最成功的游戏系列之一，其中包括《超级马里奥兄弟》、《超级马里奥64》、《超级马里奥奥德赛》等。玩家扮演着马里奥或他的朋友们，穿越各种关卡和世界，挑战敌人和解谜，以拯救公主。
2. 塞尔达传说系列（The Legend of Zelda series）：这是一个富有冒险和谜题的动作角色扮演游戏系列。其中的游戏包括《塞尔达传说：荒野之息》、《塞尔达传说：时之笛》和《塞尔达传说：缩小的公主》等。玩家扮演着主角林克（Link），探索广阔的游戏世界，解决谜题、战胜敌人，拯救公主和世界。
3. 精灵宝可梦系列（Pokémon series）：这是一个收集和训练可爱的生物（精灵宝可梦）的角色扮演游戏系列。玩家作为训练师，与其他训练师进行对战，收集各种不同类型的宝可梦，并完成各种任务和挑战。《口袋妖怪：剑/盾》和《口袋妖怪：Let's Go，皮卡丘！/ Let's Go，伊布！》是系列的最新作品。
4. 动物之森系列（Animal Crossing series）：这是一款休闲模拟游戏系列，玩家扮演居住在一个由动物居民组成的村庄中的角色。玩家可以进行各种活动，如打造家园、种植植物、钓鱼、捕虫等，并与可爱的动物居民互动。《集合啦！动物森友会》是该系列的最新作品。
5. 任天堂明星大乱斗系列（Super Smash Bros. series）：这是一款多人对战格斗游戏系列，集合了任天堂和其他游戏公司的角色。玩家可以选择不同的角色，如马里奥、皮克斯、神奇宝贝训练师等，进行快节奏的战斗。《任天堂明星大乱斗特别版》是该系列的最新作品。

这只是一小部分任天堂优秀游戏作品的例子，他们以其创新性、乐趣和广受欢迎的特点赢得了全球玩家的喜爱。

图 5.3 任天堂的优秀作品

5.1.2 提取关键词

在了解到游戏插画的相关信息后，可以使用 ChatGPT 快速得到需要的游戏插画关键词文案，具体的操作方法如下。

扫码看教程

步骤 01 根据 ChatGPT 生成的内容，选择“超级马里奥”风格，在 ChatGPT 中输入“请根据超级马里奥风格，提取出 9 个超级马里奥游戏风格关键词”，ChatGPT 的回答如图 5.4 所示。

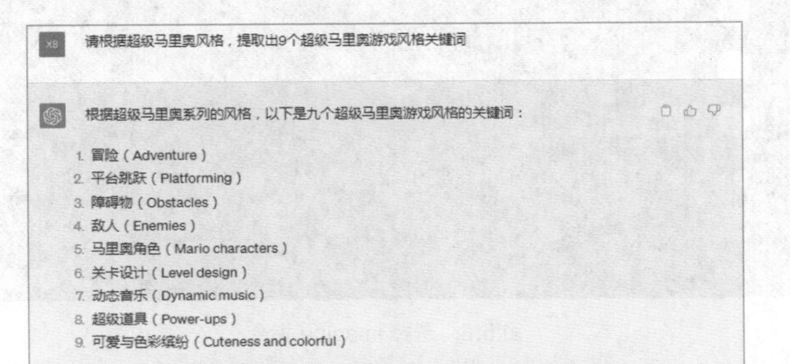

图 5.4 9 个关于超级马里奥游戏风格的关键词

步骤 02 选取其中合适的关键词，若关键词后面没有附带英文翻译，也可以将这些关键词通过百度翻译转换成英文，如图 5.5 所示。

图 5.5　将关键词转换成英文

超级马里奥系列游戏始于 1985 年的《超级马里奥兄弟》。这个系列的游戏以冒险和平台跳跃为主题，玩家扮演着马里奥（Mario）或他的兄弟路易吉（Luigi），在各种关卡中探险、跳跃和与敌人战斗。

5.1.3　复制并粘贴文案

扫码看教程

将生成的关键词转换成英文后，复制并粘贴到 Midjourney 中，然后通过 Midjourney 生成超级马里奥风格的游戏插画，具体的操作方法如下。

步骤 01 在 Midjourney 下面的输入框内输入“/”，在弹出的列表框中选择 imagine 指令，如图 5.6 所示。

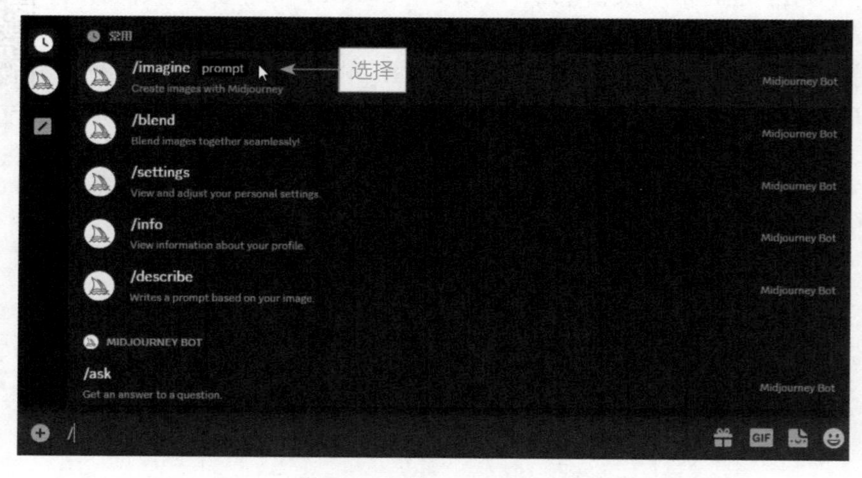

图 5.6　选择 imagine 指令

步骤 02 复制转换成英文的关键词，然后粘贴到 imagine 指令下面的输入框中，如图 5.7 所示。

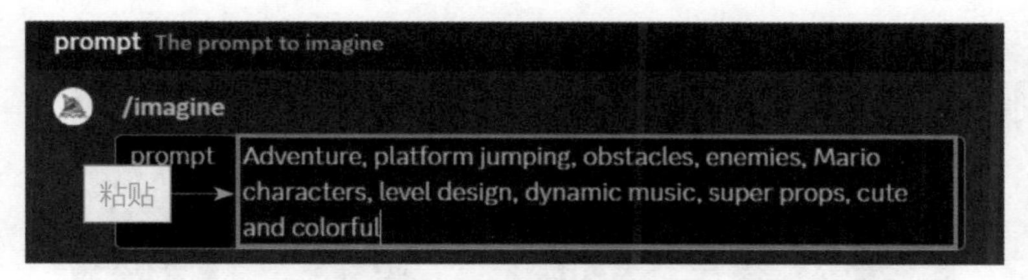

图 5.7　复制并粘贴关键词

步骤 03 按 Enter 键确认，即可生成超级马里奥风格的插画，如图 5.8 所示。

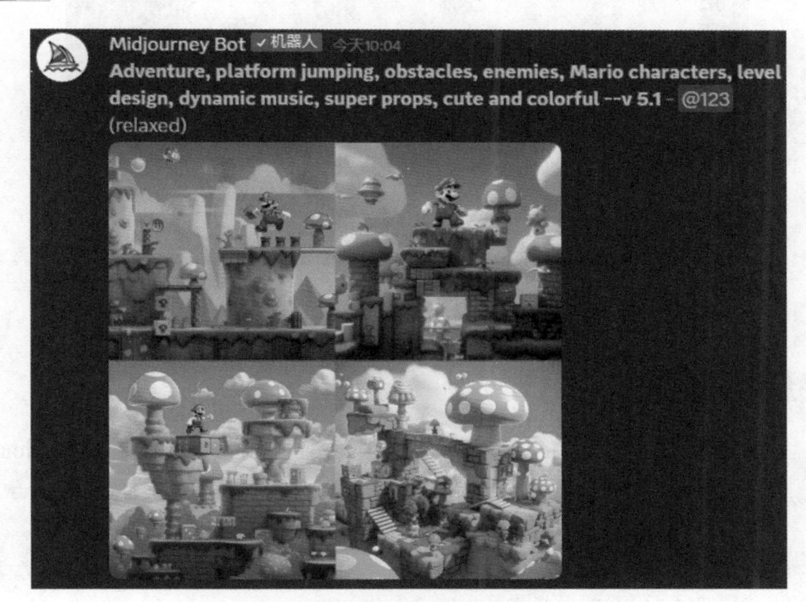

图 5.8　生成超级马里奥风格的插画

5.1.4　调整画面尺寸

把 ChatGPT 转换成英文的关键词复制并粘贴到 imagine 指令下面的输入框中即可生成插画，在这之前，用户还可以使用命令参数改变画面的尺寸，具体的操作方法如下。

扫码看教程

步骤 01 在关键词的后方添加命令参数 --ar 4∶3，如图 5.9 所示，可以改变插画的尺寸。

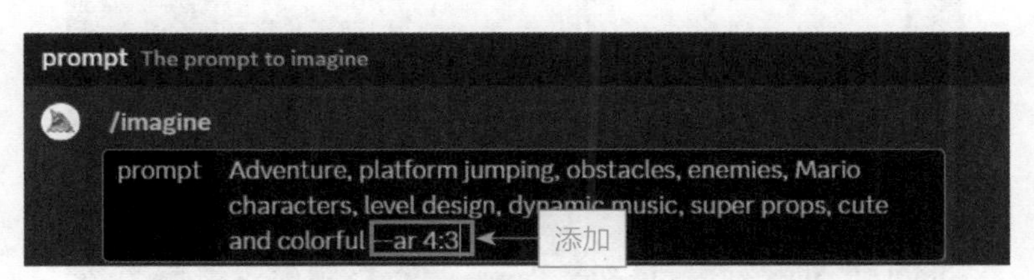

图 5.9　添加相应的命令参数

步骤 02 按 Enter 键确认，即可生成横纵比为 4∶3 的插画，如图 5.10 所示。

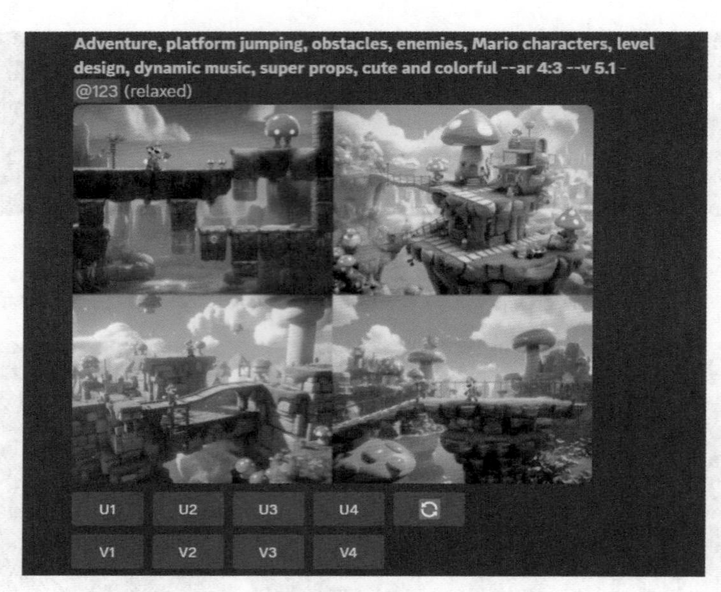

图 5.10　生成横纵比为 4∶3 的插画

5.1.5　优化插画

扫码看教程

生成插画后，用户可以在原有的插画上进行修改优化，让 Midjourney 更高效地出图，补齐必要的风格或特征等信息，以便生成的图片更符合预期，具体的操作方法如下。

步骤 01 在生成的 4 张图片中选择其中最合适的一张，这里选择第 3 张，单击 U3 按钮，如图 5.11 所示。

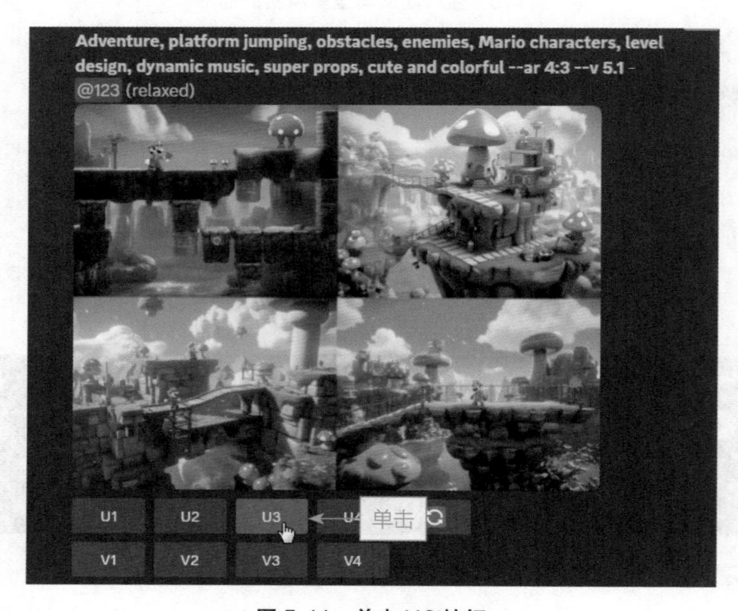

图 5.11　单击 U3 按钮

步骤 02 执行操作后，Midjourney 将在第 3 张插画的基础上进行更加精细的刻画并放大插画，如图 5.12 所示。

图 5.12 放大插画效果（1）

如果用户对生成的插画不满意，可以添加特定的关键词对插画进行修改优化，以便更符合用户的预期。

步骤 03 如果用户对插画不够满意，可以继续优化插画。将插画用浏览器打开，如图 5.13 所示，然后复制浏览器中的地址链接。

图 5.13 将插画用浏览器打开

步骤 04 将链接粘贴到 imagine 指令下面的输入框中，添加关键词 Fantasy world --ar 4∶3，如图 5.14 所示。

图 5.14 添加相应的关键词

步骤 05 执行操作后，按 Enter 键确认，即可根据关键词重新生成插画，如图 5.15 所示。

图 5.15 根据关键词重新生成插画

步骤 06 单击 V1 按钮，Midjourney 将以第 1 张插画为模板，重新生成 4 张插画，如图 5.16 所示。

图 5.16 重新生成 4 张插画

步骤 07 单击U1按钮，Midjourney将在第1张插画的基础上进行更加精细的刻画并放大插画，效果如图5.17所示。

图5.17 放大插画效果（2）

5.2 生成海报图片

海报大多用于戏剧或电影等演出活动的招贴和新品的宣传中，利用图片、文字、色彩和空间等要素进行完整的结合。海报设计是视觉传达的表现形式之一，通过版面的排版吸引观众的注意。本节以ChatGPT和Midjourney为例，讲解生成海报图片的方法与技巧。

5.2.1 生成海报的相关信息

在制作海报之前，可以使用ChatGPT快速得到海报的相关信息。下面以ChatGPT为例，介绍生成海报设计相关信息的具体操作方法。

扫码看教程

步骤 01 在ChatGPT中输入“什么是海报”，按Enter键，ChatGPT的回答如图5.18所示。

X8 什么是海报

海报是一种用于传达信息、宣传活动或宣扬某种观点的视觉艺术品。它通常是在纸张或其他材料上制作而成的大幅平面图像，具有醒目的设计、吸引人的图案和文字。海报经常被用于广告、电影宣传、音乐会、展览、政治竞选、社会活动等各种场合。

图5.18 “什么是海报”的回答

海报的设计可以包括文字、插图、照片、图表和其他视觉元素。通过巧妙地运用颜色、形状、字体和排版等元素，海报能够吸引观众的眼球并传达出特定的信息。它可以通过简洁明了的方式概括活动的主题、时间、地点和其他必要的细节，同时通过视觉效果引起观众的兴趣和好奇心。

海报的尺寸可以根据需要而异，从小到大都有可能。在公共场所、电影院、商店、学校和其他地方经常可以看到不同大小的海报。随着科技的进步，现在也有电子海报的形式，可以通过电子显示屏或互联网传播。

总而言之，海报是一种用于宣传和传播信息的视觉媒体，通过图像、文字和设计元素来吸引人们的注意并传达特定的信息和情感。

图 5.18（续）

步骤 02 继续向 ChatGPT 提问，在 ChatGPT 中输入“海报可以用于哪些场景”。随后，ChatGPT 列举了海报的多个应用场景，如图 5.19 所示。

X8 海报可以用于哪些场景

海报可以用于各种场景和目的。以下是一些常见的使用场景：

1. 广告宣传：商业公司可以使用海报来宣传他们的产品或服务。海报可以在商店、购物中心、街头等地方展示，以吸引顾客的注意并促使他们购买。
2. 活动宣传：海报是宣传活动的常见方式。音乐会、电影首映、展览、讲座、体育赛事等各种活动都可以通过海报来传达时间、地点、主题等信息，吸引人们参与。
3. 社会公益：非营利组织、慈善机构和社会团体可以使用海报来宣传社会问题、倡导环保、鼓励捐款或志愿者参与等活动，以引起公众的关注和行动。
4. 政治竞选：候选人可以使用海报来宣传他们的政治议程、政策和口号。这在选举期间常见，候选人的海报会出现在选区的街道、广场和选民密集的地方。
5. 教育推广：学校、大学和培训机构可以使用海报来宣传他们的课程、学术活动和招生信息。海报可以贴在校园内、社区中心或其他适当的地方。
6. 旅游推广：旅游机构、旅行社和酒店可以使用海报来宣传旅游目的地、度假套餐和特别优惠。这些海报可以展示美丽的景点、吸引人的照片和诱人的旅行信息。
7. 娱乐活动：音乐会、戏剧演出、电影放映等娱乐活动通常会使用海报来宣传。海报可以展示艺术家的形象、剧情梗概、时间和票务信息，吸引观众购票参加。

除了以上场景，海报还可以根据需要和创意在各种其他场合使用，以传达特定的信息、观点和情感。

图 5.19 ChatGPT 列举了海报的多个应用场景

5.2.2 提取关键词

扫码看教程

在了解到海报的相关信息后，可以使用 ChatGPT 快速得到需要的海报关键词文案，具体的操作方法如下。

步骤 01 以“活动宣传”为例，在 ChatGPT 中输入“请根据‘活动宣传海报’生成 10 个关键词”，ChatGPT 的回答如图 5.20 所示。

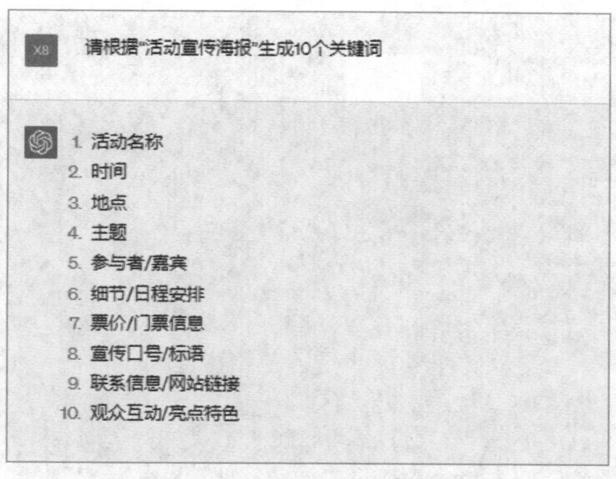

图 5.20　ChatGPT 生成的关键词

步骤 02 选取其中合适的关键词，将这些关键词使用百度翻译转换成英文，如图 5.21 所示。

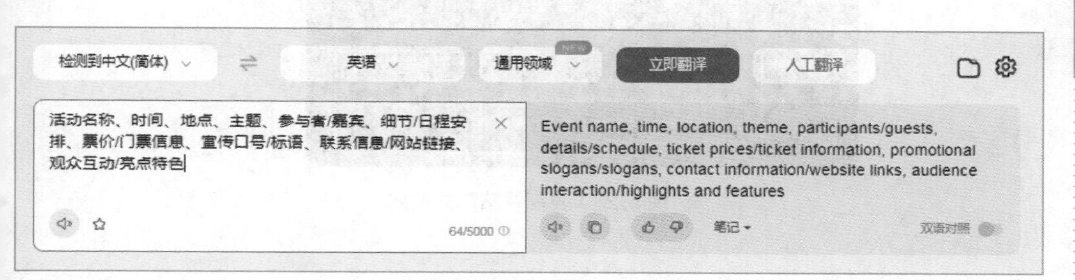

图 5.21　将关键词转换成英文

活动宣传海报是宣传活动的常见方式。音乐会、电影首映、展览、讲座、体育赛事等各种活动都可以通过海报传达时间、地点、主题等信息，吸引人们参与。

5.2.3　复制并粘贴文案

将生成的关键词转换成英文后，复制并粘贴到 Midjourney 中，即可通过 Midjourney 生成宣传海报，具体的操作方法如下。

扫码看教程

步骤 01 在 Midjourney 下面的输入框内输入"/"，在弹出的列表框中选择 imagine 指令，如图 5.22 所示。

步骤 02 将关键词复制并粘贴到指令的后面，如图 5.23 所示，并在后方添加 promotional posters（宣传海报）关键词。

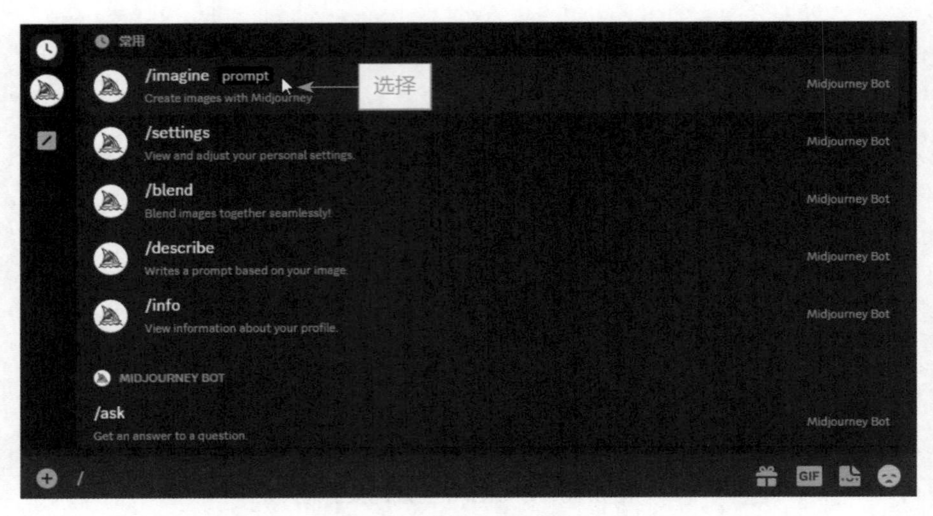

图 5.22　选择 imagine 指令

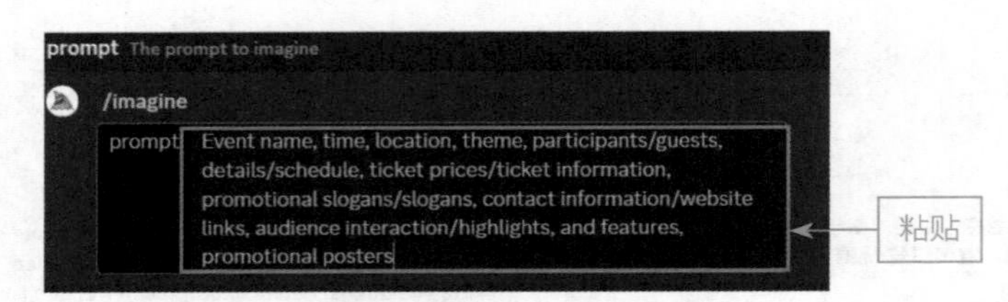

图 5.23　复制并粘贴关键词

5.2.4　改变海报的比例

扫码看教程

将关键词复制并粘贴到 imagine 指令下方的输入框中即可生成电影海报，在这之前，用户可以在关键词后面添加命令参数改变海报的比例，具体的操作方法如下。

步骤 01 在关键词的后面添加命令参数 --ar 3：4，如图 5.24 所示，即可改变图片的尺寸。

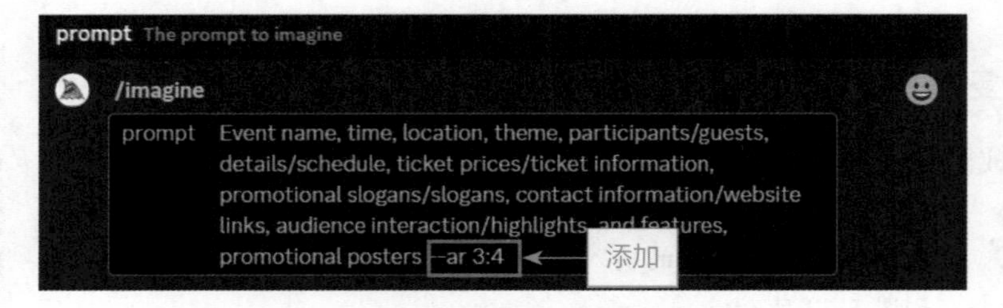

图 5.24　添加相应的命令参数

步骤 02 按 Enter 键确认，即可生成活动宣传海报，如图 5.25 所示。

图 5.25　生成活动宣传海报

步骤 03 选择第 3 张图片进行放大，单击 U3 按钮，随后 Midjourney 将在第 3 张图片的基础上进行更加精细的刻画并放大图片，效果如图 5.26 所示。

图 5.26　放大图片效果

5.3 其他类型的海报

演唱会海报和艺术展览海报分别是用于宣传、推广演唱会和艺术展览的视觉宣传工具。前者通常用于在音乐场馆和社交媒体上展示与宣传演唱会；后者为观众提供展览的概要，鼓励观众参与和体验艺术展览。本节以 ChatGPT 和 Midjourney 为例，介绍生成演唱会海报和艺术展览海报的具体操作方法。

5.3.1 制作演唱会海报

扫码看教程

演唱会海报通过精心设计的图像、文字和艺术元素来吸引观众的注意力，传达演唱会的主题。接下来介绍生成演唱会海报的具体操作方法。

步骤 01 在 ChatGPT 中输入“请根据‘演唱会海报’生成 10 个关键词”，ChatGPT 的回答如图 5.27 所示。

请根据"演唱会海报"生成10个关键词

1. 歌手/乐团名称
2. 演唱会日期
3. 演出地点
4. 演唱会主题
5. 专辑/歌曲宣传
6. 票务信息/购票渠道
7. 表演曲目/精彩瞬间
8. 舞台设计/灯光效果
9. 特别嘉宾/特邀嘉宾
10. 观众互动/现场活动

图 5.27　ChatGPT 生成的关键词

步骤 02 选取其中合适的关键词，将这些关键词使用百度翻译转换成英文，如图 5.28 所示。

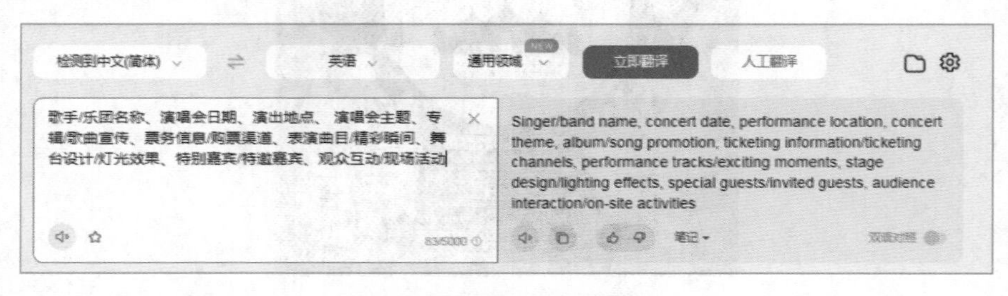

图 5.28　将关键词转换成英文

步骤 03 在 Midjourney 下面的输入框内输入“/”，在弹出的列表框中选择 imagine 指令，如图 5.29 所示。

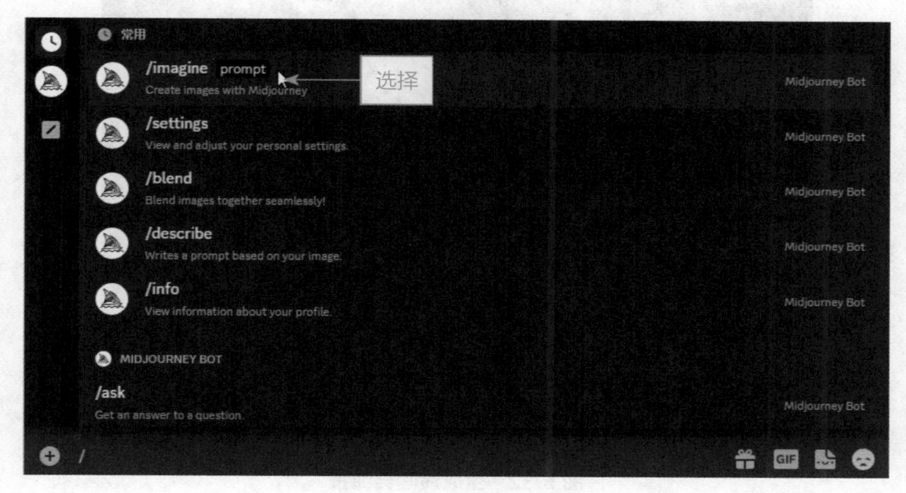

图 5.29　选择 imagine 指令

步骤 04 将关键词复制并粘贴到指令的后面，在最前面添加 Concert poster（演唱会海报）关键词，如图 5.30 所示。

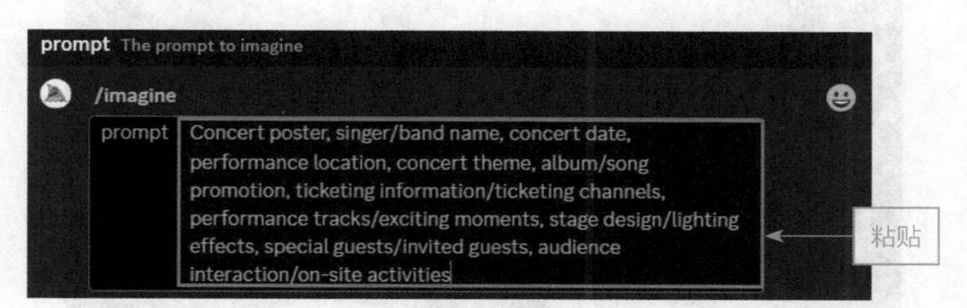

图 5.30　复制并粘贴关键词

步骤 05 在生成演唱会海报之前，用户还可以在关键词后面添加命令参数改变海报的比例。在关键词的后面添加命令参数 --ar 4∶3，如图 5.31 所示，即可改变图片的尺寸。

图 5.31　添加相应的命令参数

步骤 06 按 Enter 键确认，即可生成演唱会海报，如图 5.32 所示。

步骤 07 选择第 3 张图片进行放大，单击 U3 按钮，随后 Midjourney 将在第 3 张图片的基础上进行更加精细的刻画并放大图片，效果如图 5.33 所示。

图 5.32　生成演唱会海报

图 5.33　放大图片效果

5.3.2　制作艺术展览海报

扫码看教程

艺术展览海报通常用于在画廊、博物馆、展览馆和线上平台展示与宣传艺术展览。

接下来以 ChatGPT 和 Midjourney 为例，介绍生成艺术展览海报的具体操作方法。

步骤 01 在 ChatGPT 中输入“请根据‘艺术展览海报’生成 10 个关键词”，ChatGPT 的回答如图 5.34 所示。

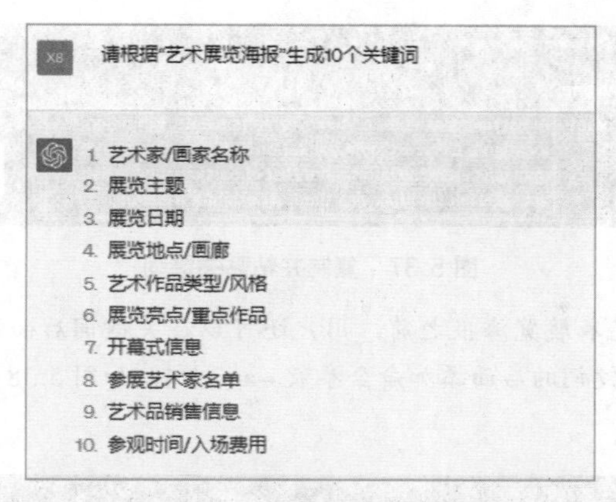

图 5.34　ChatGPT 生成的关键词

步骤 02 选取其中合适的关键词，将这些关键词使用百度翻译转换成英文，如图 5.35 所示。

图 5.35　将关键词转换成英文

步骤 03 在 Midjourney 下面的输入框内输入"/"，在弹出的列表框中选择 imagine 指令，如图 5.36 所示。

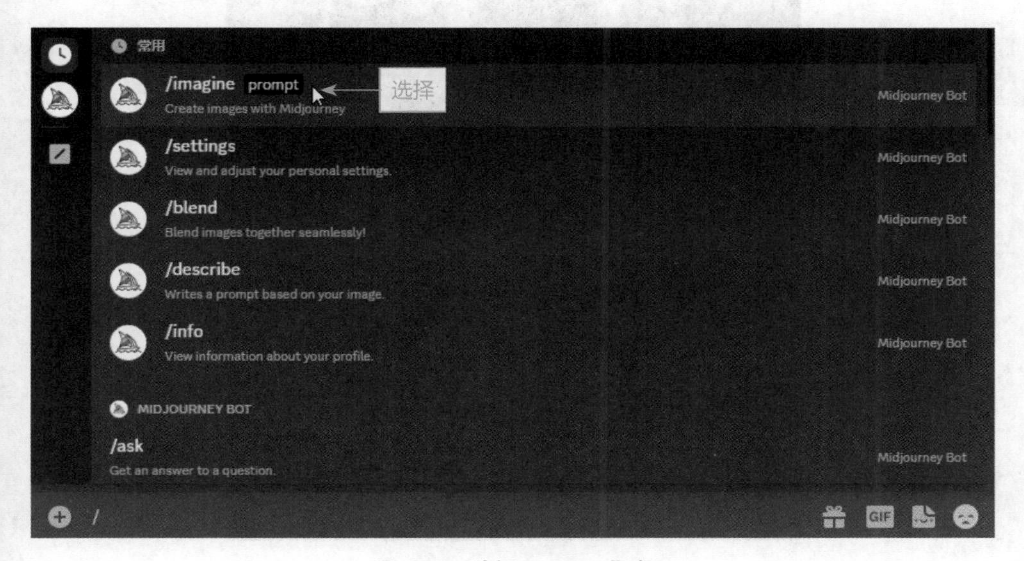

图 5.36　选择 imagine 指令

步骤 04 将关键词复制并粘贴到指令的后面，在后方添加 art exhibition poster（艺术展览海报）关键词，如图 5.37 所示。

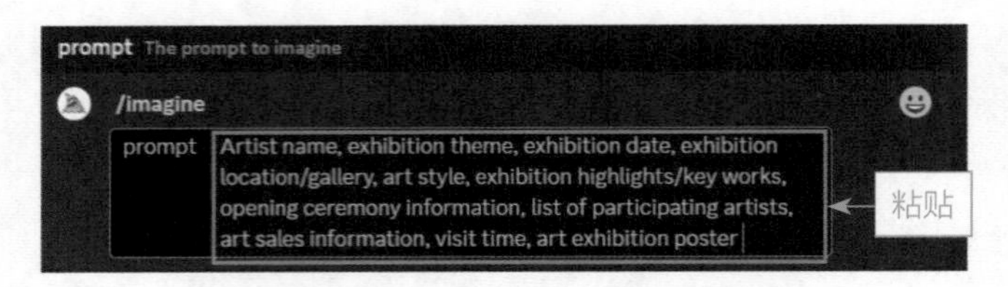

图 5.37　复制并粘贴关键词

步骤 05 在生成艺术展览海报之前，用户还可以在关键词后面添加命令参数改变艺术展览海报的比例。在关键词的后面添加命令参数 --ar 3∶4，如图 5.38 所示，即可改变图片的尺寸。

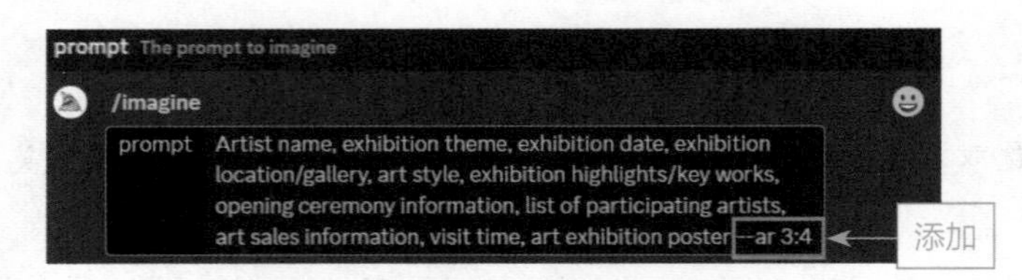

图 5.38　添加相应的命令参数

步骤 06 按 Enter 键确认，即可生成艺术展览海报，如图 5.39 所示。

图 5.39　生成艺术展览海报

步骤 07 选择第 3 张图片进行放大，单击 U3 按钮，随后 Midjourney 将在第 2 张图片的基础上进行更加精细的刻画并放大图片，效果如图 5.40 所示。

图 5.40 放大图片效果

5.4 电商广告制作案例实战

除了生成游戏插画和海报外，AI 还可以通过识别品牌或产品的特征与关键信息，生成具有吸引力的电商广告图，从而提高营销效果和产品销量。此外，AI 还可以自动化地生成不同场景和情境下的广告内容，如节日促销、品牌活动等，满足不同消费者的需求和购买习惯，提高广告的精准度和针对性。

AI 绘画如今在电商广告中的作用不容小觑，未来将会在电商广告中扮演越来越重要的角色。本节以 ChatGPT 和 Midjourney 为例，介绍通过 AI 绘画制作电商广告图的方法。

5.4.1 制作家电广告

扫码看教程

家电广告通常以生动形象的方式展示产品特性，引导消费者形成对产品的好感和认知。家电广告的制作要点主要包括以下几个方面。

（1）要明确广告的目标受众和传播渠道。

（2）要突出产品的特点和优势，并且要结合消费者需求进行表现和描述。

（3）要选择合适的宣传语言和视觉形式，以吸引目标受众的注意力。

（4）要在广告中提供足够的信息和明确的购买渠道，以促进消费者的购买行为。

同时，在制作广告时要注意符合相关法律法规和道德准则，确保广告的真实性和可靠性。

下面使用 Midjourney 制作一个家电广告图，主要用于在移动端的网店首页进行展示，让消费者了解该店铺的特点和优势，并促成其购买行为。

步骤 01 在 Midjourney 中通过 imagine 指令输入相应的关键词，如图 5.41 所示。关键词主要描述广告图的背景样式、主体内容、艺术风格、尺寸比例等。

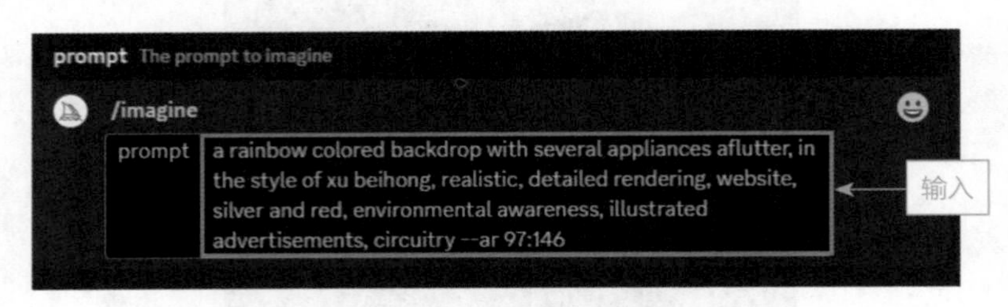

图 5.41 输入相应的关键词

步骤 02 按 Enter 键确认，即可生成相应的家电广告图，单击 U3 按钮，生成家电广告的大图，效果如图 5.42 所示。

图 5.42 生成家电广告的大图效果

需要注意的是，Midjourney 是无法生成广告文案的，用户可以使用 Photoshop、Adobe Pagemaker、CorelDRAW、AI（Adobe Illustrator）等软件添加广告文案。

5.4.2 制作家居广告

扫码看教程

家居广告主要用于宣传家居产品或家居服务，要注重创意和品牌形象的表现，提高广告的影响力和传播效果。

下面使用 Midjourney 制作一个沙发广告图，具体的操作方法如下。

步骤 01 在 Midjourney 中通过 imagine 指令输入相应的关键词，如图 5.43 所示。关键词主要描述了主体产品、模特、风格以及渲染方式等内容。

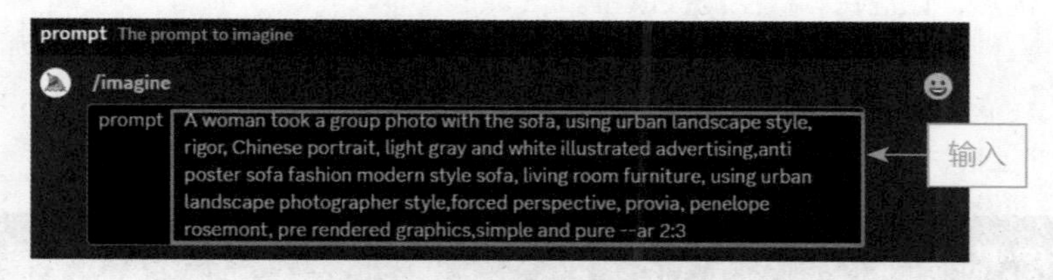

图 5.43 输入相应的关键词

步骤 02 按 Enter 键确认，即可生成相应的沙发广告图，如图 5.44 所示。

图 5.44 生成相应的沙发广告图

步骤 03 分别单击 U2 按钮和 U4 按钮，生成沙发广告的大图效果，如图 5.45 所示。

图 5.45 生成沙发广告的大图效果

扫码看教程

5.4.3 制作食品广告

在使用 AI 制作食品广告时，要重点突出食品的口感、营养、健康等方面的优点，让消费者产生购买欲望。

下面使用 Midjourney 制作一个山核桃广告图，具体的操作方法如下。

步骤 01 在 Midjourney 中通过 imagine 指令输入相应的关键词，如图 5.46 所示。关键词主要描述了主体产品、装饰元素、背景画面以及色彩风格等内容。

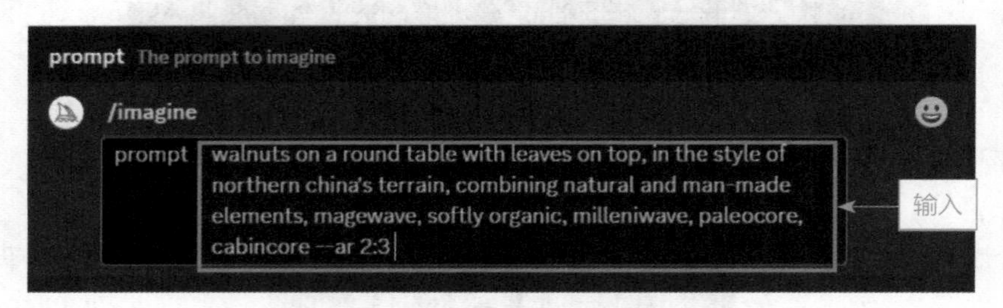

图 5.46 输入相应的关键词

步骤 02 按 Enter 键确认，即可生成相应的山核桃广告图，分别单击 U2 按钮和 U4 按钮，生成山核桃广告的大图效果，如图 5.47 所示。

图 5.47 生成山核桃广告的大图效果

5.4.4 制作汽车广告

扫码看教程

汽车广告的设计要点包括醒目的品牌标志、突出的产品特点、清晰的信息呈现、独特的视觉效果、简洁而有吸引力的文字描述等。另外，汽车广告还需要使用高质量的图片和色彩搭配，以及注意版面设计的比例和平衡。总之，汽车广告要能够吸引人的视线，并清晰地传达营销信息，同时能够引起消费者对产品的兴趣和渴望。

下面使用 Midjourney 制作一个汽车广告图，具体的操作方法如下。

步骤 01 在 Midjourney 中通过 imagine 指令输入相应的关键词，如图 5.48 所示。关键词主要描述了汽车类型、背景元素、镜头类型、色彩风格等内容。

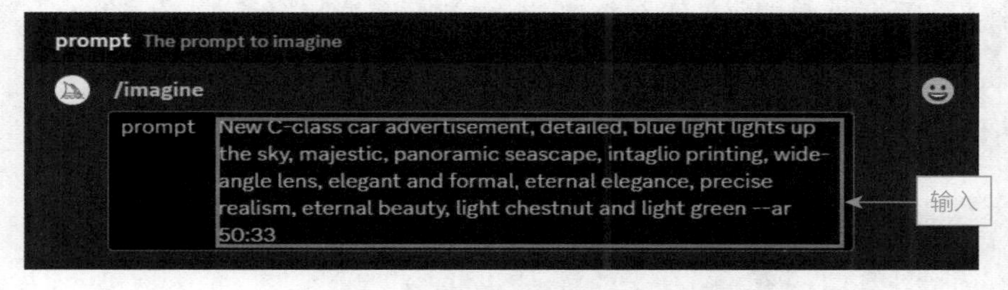

图 5.48　输入相应的关键词

步骤 02 按 Enter 键确认，即可生成相应的汽车广告图，如图 5.49 所示。

图 5.49　生成相应的汽车广告图

本章小结

本章主要介绍了 AI 绘画从艺术创作领域到商业领域的应用，通过案例实战和纵向与横向讲解相结合的方式，介绍了生成游戏插画、生成海报、生成电商广告图的操作流程。通过对本章的学习，读者能够更好地掌握制作商业领域的 AI 绘画作品的操作方法。

课后习题

鉴于本章知识的重要性，为了帮助读者更好地掌握所学知识，下面将通过课后习题，帮助读者进行简单的知识回顾和补充。

1. 使用 Midjourney 制作一个音乐节海报。
2. 使用 Midjourney 制作一个美食广告。

【AI 摄影：AI 绘画技能提升篇】

艺术风格：增强画面视觉的表现力

第 6 章

本章要点

学习 AI 摄影，需要了解 AI 照片中呈现的艺术风格。AI 摄影中的艺术风格是指用户在创作中表现出的美学风格和个人创造性，它通常涵盖了构图、光线、色彩、题材、处理技巧等多种因素，以体现作品的独特视觉语言和作者的审美追求。

6.1 认识 AI 摄影的艺术风格类型

艺术风格是指 AI 摄影作品中呈现出的独特、个性化的风格和审美表达方式，反映了作者对画面的理解、感知和表达。本节主要介绍六类 AI 摄影艺术风格，帮助大家更好地塑造自己的审美观，提升照片的品质和表现力。

6.1.1 抽象主义风格

抽象主义（abstractionism）是一种以形式、色彩为重点的摄影艺术风格，通过结合主体对象和环境中的构成、纹理、线条等元素进行创作，将原来真实的景象转化为抽象的照片，传达出一种突破传统审美习惯的审美挑战，效果如图 6.1 所示。

图 6.1 抽象主义风格的 AI 照片效果

在 AI 摄影中，抽象主义风格的关键词包括鲜艳的色彩（vibrant colors）、几何形状（geometric shapes）、抽象的图案（abstract patterns）、运动和流动（motion and flow）、纹理和层次（texture and layering）。

6.1.2 纪实主义风格

纪实主义（documentism）是一种致力于展现真实生活、真实情感和真实经验的摄影艺术风格，它更加注重如实地描绘大自然和反映现实生活，探索被摄对象所处时代、社会、文化背景下的意义与价值，呈现出人们亲身体验并能够产生共鸣的生活场景和情感状态，效果如图 6.2 所示。

在 AI 摄影中，纪实主义风格的关键词包括真实的生活（real life）、自然光线与真实场景（natural light and real scenes）、超逼真的纹理（hyper-realistic texture）、精确的细节（precise details）、逼真的静物（realistic still life）、逼真的肖像（realistic portrait）、逼真的风景（realistic landscape）。

图 6.2　纪实主义风格的 AI 照片效果

6.1.3　超现实主义风格

超现实主义（surrealism）是指一种挑战常规的摄影艺术风格，追求超越现实，呈现出理性和逻辑之外的景象和感受，效果如图 6.3 所示。超现实主义风格倡导通过摄影手段表达非显而易见的想象和情感，强调表现作者的心灵世界和审美态度。

在 AI 摄影中，超现实主义风格的关键词包括梦幻般的（dreamlike）、超现实的风景（surreal landscape）、神秘的生物（mysterious creatures）、扭曲的现实（distorted reality）、超现实的静态物体（surreal still objects）。

 温馨提示

超现实主义风格不拘泥于客观存在的对象和形式，而是试图反映人物的内在感受和情绪状态，这类 AI 摄影作品能够给观众带来前所未有的视觉冲击力。

图 6.3　超现实主义风格的 AI 照片效果

6.1.4 极简主义风格

极简主义（minimalism）是一种强调简洁、减少冗余元素的摄影艺术风格，旨在通过精简的形式和结构表现事物的本质与内在联系，在视觉上追求简约、干净和平静，让画面更加简洁而具有力量感，效果如图 6.4 所示。

图 6.4 极简主义风格的 AI 照片效果

在 AI 摄影中，极简主义风格的关键词包括简单（simple）、简洁的线条（clean lines）、极简色彩（minimalist colors）、负空间（negative space）、极简静物（minimal still life）。

6.1.5 印象主义风格

印象主义（impressionism）是一种强调情感表达和氛围感受的摄影艺术风格，通常选择柔和、温暖的色彩和光线，在构图时注重景深和镜头虚化等视觉效果，以创造出柔和、流动的画面感，从而传递给观众特定的氛围和情绪，效果如图 6.5 所示。

图 6.5 印象主义风格的 AI 照片效果

在 AI 摄影中，印象主义风格的关键词包括模糊的笔触（blurred strokes）、彩绘光（painted light）、印象派风景（impressionist landscape）、柔和的色彩（soft colors）、印象派肖像（impressionist portrait）。

6.1.6 街头摄影风格

街头摄影（street photography）是一种强调对社会生活和人文关怀的表达的摄影艺术风格，尤其侧重于捕捉那些日常生活中容易被忽视的人和事，效果如图 6.6 所示。街头摄影风格非常注重对现场光线、色彩和构图等元素的把握，追求真实的场景记录和情感表现。

在 AI 摄影中，街头摄影风格的关键词包括城市风景（urban landscape）、街头生活（street life）、动态故事（dynamic stories）、街头肖像（street portrait）、高速快门（high-speed shutter）、扫街抓拍（street sweeping snap）。

图 6.6 街头摄影风格的 AI 照片效果

6.2 了解 AI 摄影的渲染品质

如今，随着单反摄影、手机摄影的普及，以及社交媒体的发展，人们在日常生活中越来越侧重于照片的渲染品质，这对于传统的后期处理技术提出了更高的挑战，同时也推动了摄影技术的不断创新和进步。

渲染品质通常是指照片呈现出来的某种效果，包括清晰度、颜色还原、对比度和阴影细节等，其主要目的是使照片看上去更加真实、生动、自然。本节主要介绍六类 AI 摄影的渲染品质关键词，提升 AI 摄影作品的艺术感和专业感。

6.2.1 摄影感

摄影感（photography）关键词在 AI 摄影中有着非常重要的作用，它通过捕捉静止或运动的物体以及自然景观等表现形式，并通过模拟合适的光圈、快门速度、感光度等相机参数控制 AI 模型的出图效果，如光影、清晰度和景深程度等。

图 6.7 所示为添加关键词 photography 生成的照片效果，照片中的亮部和暗部都能保持丰富的细节并营造出强烈的光影效果。

图 6.7　添加关键词 photography 生成的照片效果

6.2.2　C4D 渲染器

C4D 渲染器（C4D Renderer）关键词能够帮助用户创造出逼真的 CGI（computer-generated imagery，电脑三维动画）场景和角色，效果如图 6.8 所示。

图 6.8　添加关键词 C4D Renderer 生成的照片效果

C4D Renderer 是指 Cinema 4D 软件的渲染引擎，它是一种拥有多个渲染方式的三维图形制作软件，包括物理渲染、标准渲染以及快速渲染等方式。在 AI 摄影中使用关键词 C4D Renderer 可以创建出非常逼真的三维模型、纹理和场景，并对其进行定向光照、阴影、反射等效果的处理，从而打造出各种令人震撼的视觉效果。

6.2.3　虚幻引擎

虚幻引擎（unreal engine）关键词主要用于虚拟场景的制作，可以让画面呈现出惊人的真实感，效果如图 6.9 所示。

图 6.9　添加关键词 unreal engine 生成的照片效果

unreal engine 是由 Epic Games 团队开发的虚幻引擎，它能够创建高品质的三维图像和交互体验，能够为游戏、影视和建筑等领域提供强大的实时渲染解决方案。在 AI 摄影中，使用关键词 unreal engine 可以在虚拟环境中创建各种场景和角色，从而实现高度还原真实世界的画面效果。

6.2.4　真实感

真实感（quixel megascans render）关键词可以突出三维场景的真实感并添加各种细节元素，如地面、岩石、草木、道路、水体、服装等元素。quixel megascans render 可以提升 AI 摄影作品的真实感和艺术性，效果如图 6.10 所示。

图 6.10　添加关键词 quixel megascans render 生成的照片效果

quixel megascans render 是一个丰富的虚拟素材库，其中的材质、模型、纹理等资源非常逼真，能够帮助用户开发更具个性化的作品。

6.2.5 光线追踪

光线追踪（ray tracing）关键词主要用于实现高质量的图像渲染和光影效果，让 AI 摄影作品的场景更逼真、材质细节表现更好，从而令画面更加优美、自然，效果如图 6.11 所示。

图 6.11 添加关键词 ray tracing 生成的照片效果

ray tracing 是一种基于计算机图形学的渲染引擎，它可以在渲染场景时更为准确地模拟光线与物体之间的相互作用，从而创建更逼真的影像效果。

6.2.6 V-Ray 渲染器

V-Ray 渲染器（V-Ray Renderer）关键词可以在 AI 摄影中帮助用户实现高质量的图像渲染效果，将 AI 创建的虚拟场景和角色逼真地呈现出来，效果如图 6.12 所示。同时，V-Ray Renderer 还可以减少画面噪点，让照片的细节效果更加完美。

图 6.12 添加关键词 V-Ray Renderer 生成的照片效果

V-Ray Renderer 是一种高保真的 3D 渲染器，在光照、材质、阴影等方面都能达到非常逼真的效果，可以渲染出高品质的图像和动画。

6.3 掌握 AI 摄影的出图品质

出图品质通常是指作品的质感、细节、画质和分辨率等，通过添加辅助出图品质的相关关键词，用户可以更好地指导 AI 模型生成符合自己期望的摄影作品，同时也可以提高 AI 模型的准确率和摄影质量。

本节主要为大家介绍一些 AI 摄影的出图品质关键词，帮助大家提升照片的画质效果。

6.3.1 屡获殊荣的摄影作品

屡获殊荣的摄影作品（award winning photography）即获奖摄影作品，它是指在各种摄影比赛、展览或评选中获得奖项的摄影作品。通过在 AI 摄影作品的关键词中加入 award winning photography，可以让生成的照片具有高度的艺术性、技术性和视觉冲击力，效果如图 6.13 所示。

图 6.13 添加关键词 award winning photography 生成的照片效果

6.3.2 超逼真的皮肤纹理

超逼真的皮肤纹理（hyper realistic skin texture）是指高度逼真的肌肤质感。在 AI 摄影中，使用关键词 hyper realistic skin texture 能够表现出人物面部皮肤上的微小细节和纹理，从而使肌肤看起来更加真实和自然，效果如图 6.14 所示。

图 6.14　添加关键词 hyper realistic skin texture 生成的照片效果

6.3.3　电影 / 戏剧 / 史诗

电影 / 戏剧 / 史诗（cinematic/dramatic/epic）这组关键词主要用于指定照片的画面风格，能够提升照片的艺术价值和视觉冲击力。图 6.15 所示为添加关键词 cinematic 生成的照片效果。

温馨提示

关键词 cinematic 能够让照片呈现出电影质感，即采用类似电影的拍摄手法和后期处理方式，表现出沉稳、柔和、低饱和度等画面特点。

关键词 dramatic 能够突出画面的光影构造效果，通常使用高对比度、强烈色彩、深暗部等元素表现强烈的情感渲染和氛围感。

关键词 epic 能够营造壮观、宏大、震撼人心的视觉效果，其特点包括局部高对比度、色彩明亮、前景与背景相得益彰等。

图 6.15　添加关键词 cinematic 生成的照片效果

6.3.4 超级详细

超级详细（super detailed）的意思是精细的、细致的，在 AI 摄影中添加该关键词生成的照片能够清晰呈现出物体的细节和纹理，如毛发、细微的沟壑等，效果如图 6.16 所示。

图 6.16 添加关键词 super detailed 生成的照片效果

关键词 super detailed 通常被用于生成微距摄影、生态摄影、产品摄影等题材的 AI 摄影作品，能够提高照片的质量和观赏性。

6.3.5 自然 / 坦诚 / 真实 / 个人化

自然 / 坦诚 / 真实 / 个人化（natural/candid/authentic/personal）这组关键词通常用于描述照片的拍摄风格或表现方式，常用于生成肖像、婚纱、旅行等类型的 AI 摄影作品，能够更好地传递照片想要表达的情感和主题。

关键词 natural 生成的照片能够表现出自然、真实、没有加工和做作的视觉感受，通常采用较为柔和的光线和简单的构图呈现主体的自然状态。

关键词 candid 能够捕捉到真实、不加掩饰的人物瞬间状态，呈现出生动、自然和真实的画面感，效果如图 6.17 所示。

图 6.17 添加关键词 candid 生成的照片效果

关键词 authentic 的含义与 natural 较为相似，但它更强调表现出照片真实、原汁原味的品质，能让人感受到照片代表的意境，效果如图 6.18 所示。

关键词 personal 的含义是富有个性和独特性，能够体现出照片的独特拍摄视角，同时通过抓住细节和表现方式等方面，展现出作者的个性和文化素养。

图 6.18　添加关键词 authentic 生成的照片效果

6.3.6　详细细节

详细细节（detailed）通常是指具有高度细节表现能力和丰富纹理的照片。关键词 detailed 能够对照片中的所有元素进行精细化的控制，如细微的色调变换、暗部曝光、突出或屏蔽某些元素等，效果如图 6.19 所示。

图 6.19　添加关键词 detailed 生成的照片效果

同时，detailed 会对照片的局部细节和纹理进行针对性的增强和修复，从而使照片更为清晰锐利、画质更佳。detailed 适用于生成静物、风景、人像等类型的 AI 摄影作品，可以让作品更具艺术感，呈现出更多的细节。

6.3.7　高细节 / 高品质 / 高分辨率

高细节 / 高品质 / 高分辨率（high detail/hyper quality/high resolution）这组关键词常用于肖像、风景、商品和建筑等类型的 AI 摄影作品中，可以使照片在细节和纹理方面更具有表现力和视觉冲击力。

关键词 high detail 能够让照片具有高度细节表现能力，即可以清晰地呈现出物体或人物的各种细节和纹理，如毛发、衣服的纹理等。而在真实摄影中，通常需要使用高端相机和镜头拍摄并进行后期处理，才能实现 high detail 的效果。

关键词 hyper quality 通过对 AI 摄影作品的明暗对比、白平衡、饱和度和构图等因素的严密控制，让照片具有超高的质感和清晰度，以达到非凡的视觉冲击效果，如图 6.20 所示。

图 6.20　添加关键词 hyper quality 生成的照片效果

关键词 high resolution 可以为 AI 摄影作品带来更高的锐度、清晰度和精细度，生成更为真实、生动和逼真的画面效果。

6.3.8　8K 流畅 /8K 分辨率

8K 流畅 /8K 分辨率（8K smooth/8K resolution）这组关键词可以让 AI 摄影作品呈现出更为清晰流畅、真实自然的画面效果，从而为观众带来更好的视觉体验。

在关键词 8K smooth 中，8K 表示分辨率高达 7680 像素 × 4320 像素的超高清晰度（注意，AI 模型只是模拟这种效果，实际分辨率达不到），而 smooth 则表示画面更加流畅、自然，不会出现画面抖动或卡顿等问题，效果如图 6.21 所示。

图 6.21　添加关键词 8K smooth 生成的照片效果

在关键词 8K resolution 中，8K 的意思与上面相同，resolution 则用于再次强调高分辨率，从而让画面具有较高的细节表现能力和视觉冲击力。

6.3.9 超清晰 / 超高清晰 / 超高清画面

超清晰 / 超高清晰 / 超高清画面（super clarity/ultra-high definition/ultra hd picture）这组关键词能够为 AI 摄影作品带来更加清晰、真实、自然的视觉感受。

在关键词 super clarity 中，super 表示超级或极致，clarity 则表示清晰度或细节表现能力。super clarity 可以让照片呈现出非常锐利、清晰和精细的效果，展现出更多的细节和纹理，如肌肉、皮毛和羽毛等。

在关键词 ultra-high definition 中，ultra-high 表示超高分辨率（高达 3840 像素 × 2160 像素，注意这只是模拟效果），而 definition 则表示清晰度。ultra-high definition 不仅可以呈现出更加真实、生动的画面，同时还能够减少画面中的颜色噪点和其他视觉障碍，使画面看起来更加流畅，效果如图 6.22 所示。

图 6.22　添加关键词 ultra-high definition 生成的照片效果

在关键词 ultra hd picture 中，ultra 表示超高，hd 则表示高清晰度或高细节表现能力。ultra hd picture 可以使画面更加细腻，层次感更强，同时因为模拟出高分辨率的效果，所以画质也会显得更加清晰、自然。

温馨提示 •

需要注意的是，添加这些关键词并不会影响 AI 模型出图的实际分辨率，而是会影响它的画质，如产生更多的细节，从而模拟出高分辨率的画质效果。

6.3.10 徕卡镜头

徕卡镜头（leica lens）通常是指徕卡公司生产的高质量相机镜头，具有出色的光学性能和精密的制造工艺，从而实现完美的照片品质。在 AI 摄影中，使用关键词 leica lens 不仅可以提高照片的整体质量，而且可以获得优质的锐度和对比度，以及呈现出特定的美感、风格和氛围，效果如图 6.23 所示。

图 6.23　添加关键词 leica lens 生成的照片效果

本章小结

本章主要向读者介绍了 AI 摄影的艺术风格指令，包括 6 个艺术风格类型关键词、6 个渲染品质关键词、10 个出图品质关键词，可以为 AI 摄影作品增色添彩，赋予照片更加深刻的意境和情感表达，同时增加画面的细节清晰度。通过对本章的学习，读者能够更好地使用 Midjourney 生成独具一格的 AI 摄影作品。

课后习题

鉴于本章知识的重要性，为了帮助读者更好地掌握所学知识，下面将通过课后习题，帮助读者进行简单的知识回顾和补充。

1. 使用 Midjourney 生成一张街头摄影风格的照片。
2. 使用 Midjourney 生成一张电影风格的照片。

构图和光线：营造独特的视角和意境

第7章

本章要点

构图和光线是传统摄影创作中不可或缺的部分，前者主要通过有意识地安排画面中的视觉元素增强照片的感染力和吸引力，后者可以呈现出很强的视觉吸引力和情感表达效果。在AI摄影中使用正确的构图和与光线相关的关键词，可以协助AI模型生成更富有表现力的照片效果。

7.1 四种基本的构图视角

在 AI 摄影中，构图视角是指镜头位置和主体的拍摄角度，通过合适的构图视角控制，可以增强画面的吸引力和表现力，为照片带来最佳的观赏效果。本节主要介绍四种控制 AI 摄影构图视角的方式，以生成不同视角的照片效果。

7.1.1 正面视角

正面视角（front view）也称为正视图，是指将主体对象置于镜头前方，让其正面朝向观众。也就是说，这种构图方式的拍摄角度与主体对象平行，并且尽量以主体正面为主要展现区域，效果如图 7.1 所示。

图 7.1 正面视角效果

在 AI 摄影中，使用关键词 front view 可以呈现出主体对象最清晰、最直接的形态，表达出来的内容和情感相对真实而有力，很多人都喜欢使用这种方式刻画人物的神情、姿态等，或呈现产品的外观形态，以达到更亲近人心的效果。

7.1.2 背面视角

背面视角（back view）也称为后视图，是指将镜头置于主体对象后方，从其背后拍摄的一种构图方式，适用于强调主体对象的背面形态及其情感表达的场景，效果如图 7.2 所示。

图 7.2 背面视角效果

在 AI 摄影中，使用关键词 back view 可以突出主体对象的背面轮廓和形态，能够展示出不同的视觉效果，营造出神秘、悬疑或引人遐想的氛围。

7.1.3 侧面视角

侧面视角分为左侧视角（left side view）和右侧视角（right side view）两种角度。左侧视角是指将镜头置于主体对象的左侧，常用于展现人物的神态和姿态，或突出左侧轮廓中有特殊含义的场景，效果如图 7.3 所示。

在 AI 摄影中，使用关键词 left side view 可以刻画出主体对象左侧面的形态特点或意境，能够表达出某种特殊的情绪、性格和感觉，或者给观众带来一种开阔、自然的视觉感受。

右侧视角是指将镜头置于主体对象的右侧，强调右侧的信息和特征，或突出右侧轮廓中有特殊含义的场景，效果如图 7.4 所示。

图 7.3 左侧视角效果

图 7.4 右侧视角效果

在 AI 摄影中，使用关键词 right side view 可以强调主体对象右侧的细节或整体效果，制造出视觉上的对比和平衡，增强照片的艺术感和吸引力。

7.1.4 斜侧面视角

斜侧面视角是指从一个物体或场景的斜侧方向进行拍摄的角度，它与正面视角或背面视角相比，能够呈现出不同的视觉冲击力。斜侧面视角可以使照片带来一种动态感，并且可以增强主体的立体感和层次感，效果如图 7.5 所示。

斜侧面视角的关键词有 45° shooting（45° 角拍摄）、0.75 left view（3/4 左侧视角）、0.75 left back view（3/4 左后侧视角）、0.75 right view（3/4 右侧视角）、0.75 right back view（3/4 右后侧视角）。

图 7.5　斜侧面视角效果

7.2　五种常用的镜头景别

摄影中的镜头景别通常是指主体对象与镜头的距离，表现出来的效果就是主体在画面中的大小，如远景、全景、中景、近景、特写等。

在 AI 摄影中，合理地使用镜头景别关键词可以达到更好的画面表达效果，本节将为大家介绍五种常用的镜头景别，帮助大家表达出想要传达的主题和意境。

7.2.1　远景

远景（wide angle）又称广角视野（ultra wide shot），是指以较远的距离拍摄某个场景或大环境，呈现出广阔的视野和大范围的画面效果，如图 7.6 所示。

图 7.6　远景效果

在 AI 摄影中，使用关键词 wide angle 能够将人物、建筑或其他元素与周围环境相融合，突出场景的宏伟壮观和自然风貌。另外，wide angle 还可以表现出人与环境之间的关系，以及起到烘托氛围和衬托主体的作用，使整个画面更富有层次感。

7.2.2 全景

全景（full shot）是指将整个主体对象完整地展现于画面中，可以使观众更好地了解主体的形态和特点，并进一步感受主体的气质与风貌，效果如图 7.7 所示。

图 7.7　全景效果

在 AI 摄影中，使用关键词 full shot 可以更好地表达主体对象的自然状态、姿态和大小，将其完整地呈现出来。同时，full shot 还可以作为补充元素，用于烘托氛围和强化主题，以及更加生动、具体地把握主体对象的情感和心理变化。

7.2.3 中景

中景（medium shot）是指将人物主体对象的上半身（通常为膝盖以上）呈现在画面中，可以展示出一定程度的背景环境，同时也能够使主体对象更加突出，效果如图 7.8 所示。中景景别的特点是以表现某一事物的主要部分为中心，常常以动作情节取胜，环境表现则被降到次要地位。

在 AI 摄影中，使用关键词 medium shot 可以将主体对象完全填充于画面中，使观众更容易与主体对象产生共鸣，同时还可以创造出更加真实、自然且文艺性的画面效果，为照片注入生命力。

图 7.8　中景效果

7.2.4 近景

近景（medium close up）是指将人物主体对象的头部和肩部（通常为胸部以上）完整地展现于画面中，能够突出人物的面部表情和细节特点，效果如图 7.9 所示。

图 7.9 近景效果

在 AI 摄影中，使用关键词 medium close up 能够很好地表现出人物主体对象的情感细节，具体作用表现在以下两个方面。

（1）利用近景可以突出人物面部的细节特点，如表情、眼神、嘴唇等，进一步反映出人物的内心世界和情感状态。

（2）近景还可以为观众提供更丰富的信息，帮助他们更准确地了解主体对象所处的场景和具体环境。

7.2.5 特写

特写（close up）是指将主体对象的某个部位或细节放大呈现于画面中，强调其重要性和细节特点，如人物的头部，效果如图 7.10 所示。

图 7.10 特写效果

在AI摄影中，使用关键词close up可以将观众的视线集中到主体对象的某个部位，加强特定元素的表达效果，并且让观众产生强烈的视觉感受和情感共鸣。

另外，还有一种超特写（extreme close up）景别，它是指将主体对象的极小部位放大呈现于画面中，适用于表达主体对象的最细微部分或某些特殊效果，如图7.11所示。在AI摄影中，使用关键词extreme close up可以更有效地突出画面主体，增强视觉效果，同时更为直观地传达观众想要了解的信息。

图7.11　超特写效果

7.3　四种基础的构图法则

构图是指在摄影创作中，通过调整视角、摆放被摄对象和控制画面元素等复合技术手段塑造画面效果的艺术表现形式。本节将为大家介绍四种基础的构图法则。

7.3.1　前景构图法则

前景（foreground）构图是指通过前景元素强化主体的视觉效果，以产生一种具有视觉冲击力和艺术感的画面效果，如图7.12所示。

图7.12　前景构图效果

前景通常是指相对靠近镜头的物体，背景（background）则是指位于主体后方且远离镜头的物体或环境。

在AI摄影中，使用关键词foreground可以丰富画面色彩和层次感，并且能够增加照片的丰富度，让画面变得更为生动、有趣。在某些情况下，foreground 还可以用于引导视线，更好地吸引观众目光。

7.3.2 对称构图法则

对称（symmetry/mirrored）构图是指将被摄对象平分为两个或多个相等的部分，在画面中形成左右对称、上下对称或者对角线对称等不同形式，从而产生一种平衡和富有美感的画面效果，如图 7.13 所示。

在 AI 摄影中，使用关键词 symmetry 可以创造出一种冷静、稳重、平衡和具有美学价值的对称视觉效果，往往会给观众带来视觉上的舒适感和认可感，并强化观众对画面主体的印象和关注度。

图 7.13 对称构图效果

7.3.3 框架构图法则

框架（framing）构图是指通过在画面中增加一个或多个“边框”，将主体对象锁定在其中，可以更好地表现画面的魅力，营造出富有层次感、优美而出众的视觉效果，如图 7.14 所示。

图 7.14 框架构图效果

在AI摄影中，关键词framing可以结合多种“边框”共同使用，如树枝、山体、花草等物体自然形成的“边框”，或者窄小的通道、建筑物、窗户、阳台、桥洞、隧道等人工制造出来的“边框”。

7.3.4 中心构图法则

中心构图（center the composition）是指将主体对象放置于画面的正中央，使其尽可能地处于画面的对称轴上，从而让主体对象在画面中显得非常突出和集中，效果如图7.15所示。

在AI摄影中，使用关键词center the composition可以有效突出主体对象的形象和特征，适用于花卉、鸟类、宠物和人像等类型的照片。

图7.15 中心构图效果

7.4 六种高级的构图法则

在AI摄影中，通过使用各种构图关键词，可以让主体对象呈现出最佳的视觉表达效果，进而营造出所需的气氛和风格。在掌握四种基础的构图法则后，本节将为大家介绍六种高级的构图法则。

7.4.1 微距构图法则

微距（micro shot）构图是一种专门用于拍摄微小物体的构图方式，主要目的是尽可能地展现主体对象的细节和纹理，以及赋予其更强的视觉冲击力，适用于花卉、小动物、美食或者生活中的小物品等类型的照片，效果如图7.16所示。

在AI摄影中，使用关键词micro shot可以大幅度地放大展现非常小的主体对象细节和特征，包括纹理、线条、颜色、形状等，从而创造出一个独特且让人惊艳的视觉空间，更好地表现画面主体对象的神秘感、精致感和美感。

图 7.16　微距构图效果

7.4.2　消失点构图法则

消失点构图（vanishing point composition）是指将画面中所有线条或物体的近端都向一个共同的点汇聚出去，这个点就称为消失点，可以表现出空间深度和高低错落的感觉，效果如图 7.17 所示。

图 7.17　消失点构图效果

在 AI 摄影中，使用关键词 vanishing point composition 能够增强画面的立体感，通过塑造画面空间提升视觉冲击力，适用于城市风光、建筑、道路、铁路、桥梁、隧道等类型的照片。

7.4.3　对角线构图法则

对角线构图（diagonal composition）是指利用物体、形状或线条的对角线划分画面，使画面具有更强的动感和层次感，效果如图 7.18 所示。

在 AI 摄影中，使用关键词 diagonal composition 可以将主体对象或关键元素沿着对角线放置，让画面在视觉上产生一种意想不到的张力，从而吸引观众的注意力和兴趣。

图 7.18　对角线构图效果

7.4.4 引导线构图法则

引导线（leading lines）构图是指利用画面中的直线或曲线等元素引导观众的视线，从而使画面在视觉上更为有趣、形象和富有表现力，效果如图 7.19 所示。

图 7.19　引导线构图效果

在 AI 摄影中，关键词 leading lines 需要与照片场景中的道路、建筑、云朵、河流、桥梁等其他元素结合使用，从而巧妙地引导观众的视线，使其逐渐从画面的一端移动到另一端，最终停留在主体对象上或者浏览完整张照片。

7.4.5 三分法构图法则

三分法（rule of thirds）构图又称三分线构图（three line composition），是指将画面从横向或竖向平均分割成 3 个部分并将主体对象或重点位置放置在这些分割线或交点上，可以有效提高照片的平衡感和突出主体，效果如图 7.20 所示。

在 AI 摄影中，使用关键词 rule of thirds 可以将画面主体平衡地放置在相应的位置上，实现视觉张力的均衡分配，从而更好地传达出画面的主题和情感。

图 7.20　三分法构图效果

7.4.6　斜线构图法则

斜线构图（oblique line composition）是一种利用对角线或斜线组织画面元素的构图技巧，通过将线条倾斜放置在画面中，可以带来独特的视觉效果，显得更有动感，效果如图 7.21 所示。

图 7.21　斜线构图效果

在 AI 摄影中，使用关键词 oblique line composition 可以在画面中创造一种自然而流畅的视觉引导效果，让观众的目光沿着线条的方向移动，从而引起观众对画面中特定区域的注意。

7.5　三种常用的 AI 摄影光线用法

光线对于 AI 摄影来说非常重要，它能够营造出非常自然的氛围感和光影效果，凸显照片主题的特点，同时也能够掩盖不足之处。本节将为大家介绍三种常用的 AI 摄影光线用法，希望对大家创作出更好的作品有所帮助。

7.5.1 柔软的光线

柔软的光线（soft light）是指柔和、温暖的光线，是一种低对比度的光线类型。在AI摄影中，使用关键词 soft light 可以产生自然、柔美的光影效果，渲染出照片主题的情感和氛围。

例如，在使用AI生成人像照片时，添加关键词 soft light 可以营造出温暖、舒适的氛围感，弱化人物皮肤的毛孔、皱纹、纹理等小瑕疵，使人像显得更加柔和、美好，效果如图 7.22 所示。

图 7.22 添加关键词 soft light 生成的照片效果

7.5.2 明亮的光线

明亮的光线（bright top light）是指高挂（即将灯光挂在较高的位置）、高照度的顶部主光源产生的光线类型。

在AI摄影中，使用关键词 bright top light 能够营造出强烈、明亮的光线效果，可以产生硬朗、直接的下落式阴影，效果如图 7.23 所示。

图 7.23 添加关键词 bright top light 生成的照片效果

7.5.3 晨光

晨光（morning light）是指早晨日出时的光线，具有柔和、温暖、光影丰富的特点，可以产生非常独特和美妙的画面效果。

在AI摄影中，关键词 morning light 常用于生成人像、风景等类型的照片。morning light 可以产生柔和的阴影和丰富的色彩变化，不会产生太多硬直的阴影，也不会让人有光线强烈和刺眼的感觉。

morning light 能够让主体对象看起来更加自然、清晰、有层次感，也更加容易表现照片主题的情绪和氛围，效果如图 7.24 所示。

图 7.24　添加关键词 morning light 生成的照片效果

7.6　六种特殊的 AI 摄影光线用法

掌握各种特殊光线的用法，可以有效提升 AI 摄影作品的质量和艺术价值。在掌握三种常用的 AI 摄影光线用法后，本节将为大家介绍六种特殊的 AI 摄影光线用法，帮助大家设计出独一无二的 AI 摄影作品。

7.6.1　黄金时段光

黄金时段光（golden hour light）是指在日出或日落前后 1 小时内的特殊阳光照射状态，也称为“金色时刻”，期间的阳光具有柔和、温暖且呈金黄色的特点。在 AI 摄影中，使用关键词 golden hour light 能够反射出更多的金黄色和橙色的温暖色调，让主体对象看起来更加立体、自然和舒适，层次感也更丰富，效果如图 7.25 所示。

图 7.25　添加关键词 golden hour light 生成的照片效果

7.6.2 动画光

动画光（animation lighting）是指在动画制作中采用的一种照明技术，通过对灯光的类型、数量、位置以及颜色进行调整和定位，可以创造出精细且极具表现力的光影效果。在AI摄影中，关键词animation lighting可以实现各种不同的视觉效果，如层次分明的渲染、精致的阴影、强烈的立体感等，效果如图7.26所示。

图7.26 添加关键词animation lighting生成的照片效果

7.6.3 影棚光

影棚光（studio light）是指在摄影棚中使用灯光设备系统，包括灯架、灯头、反射板、柔光箱等产生的灯光效果，使用这种设备可以在相对固定和可控的环境中创造出不同的光线和明暗效果，从而产生不同的照片效果。

在AI摄影中，使用关键词studio light可以模拟出影棚光的画面效果，生成具有高标准画质、艺术氛围感的照片，效果如图7.27所示。

图7.27 添加关键词studio light生成的照片效果

7.6.4 电影光

电影光（cinematic light/cinematic lighting）是指在摄影和电影制作中使用的类似于电影画面风格的灯光效果，通常是一些特殊的照明技术。

在AI摄影中，使用关键词cinematic light可以让照片呈现出更加浓郁的电影感和意境感，使照片中的光线及其明暗关系更加突出，营造出神秘、悬念等视觉感受，效果如图7.28所示。

图7.28　添加关键词cinematic light生成的照片效果

电影光的效果鲜明、富有明暗对比，可以产生强烈的视觉冲击力和幻象感，使照片场景更像电影情节画面，从而更好地传达影片故事情节。

7.6.5　赛博朋克光

赛博朋克光（cyberpunk light）是一种特定的光线类型，通常用于电影画面、摄影作品和艺术作品中，以呈现明显的未来主义和科幻元素等风格。cyberpunk light能够呈现出高对比度、鲜艳的颜色和各种几何形状，同时环境或场景中也经常充满流动荧光的元素。

在AI摄影中，可以使用关键词cyberpunk light为绘制的场景赋予怀旧、古典或未来感，从而增加照片的视觉冲击力和表现力，效果如图7.29所示。

图7.29　添加关键词cyberpunk light生成的照片效果

温馨提示

cyberpunk（赛博朋克）这个词源于 cybernetics（控制论）和 punk（朋克摇滚乐），两者共同结合表达了一种非正统的科技文化形态，光线基调通常为大量暗黑色、紫红色和荧光蓝。

如今，赛博朋克已经成为一种独特的文化流派，主张探索人类与科技之间的冲突，为人们提供了一种思想启示。

7.6.6 戏剧光

戏剧光（dramatic light）是一种营造戏剧化场景的光线类型，通常用于电影、电视剧和照片等艺术作品中，用于表现明显的戏剧效果和张力感。dramatic light 通过使用深色、阴影以及高对比度的光影效果创造出强烈的情感冲击力。

在 AI 摄影中，可以使用关键词 dramatic light 使主体对象获得更加突出的效果，从而彰显主题的独特性与形象的感知性，效果如图 7.30 所示。

图 7.30 添加关键词 dramatic light 生成的照片效果

7.7 四种 AI 摄影基础的光线类型

在 AI 摄影中，合理地加入一些光线关键词，可以创造出不同的画面效果和氛围感，如阴影、明暗、立体感等。本节主要介绍四种 AI 摄影基础的光线类型。

7.7.1 冷光

冷光（cold light）是指色温较高的光线，通常呈现出蓝色、白色等冷色调。在 AI 摄影中，使用关键词 cold light 可以营造出寒冷、清新、高科技的画面感，并且能够突出主体对象的纹理和细节。

例如，在用 AI 生成人像照片时，添加关键词 cold light 可以赋予人物青春活力和时尚感，效果如图 7.31 所示。

图 7.31　添加关键词 cold light 生成的照片效果

7.7.2　逆光

逆光（back light）是指从主体的后方照射过来的光线，在摄影中也称为背光。在 AI 摄影中，使用关键词 back light 可以营造出强烈的视觉层次感和立体感，让物体轮廓更加分明、清晰，在生成人像类和风景类的照片时效果非常好。

在用 AI 生成夕阳、日出、落日和水上反射等场景时，添加关键词 back light 能够产生剪影和色彩渐变，给照片带来极具艺术性的画面效果，如图 7.32 所示。

图 7.32　添加关键词 back light 生成的照片效果

温馨提示

需要注意的是，由于逆光下物体前方处于阴影中，可能会导致背景亮度与主体亮度的差异较大，后期可以使用 Photoshop 调整曝光度，以确保画面整体亮度适宜，避免出现失真或过曝的情况。

7.7.3 顶光

顶光（top light）是指从主体的上方垂直照射下来的光线，能让主体的投影垂直显示在下面。关键词 top light 非常适合生成食品和饮料等 AI 摄影作品，能够增加视觉诱惑力，效果如图 7.33 所示。

图 7.33 添加关键词 top light 生成的照片效果

7.7.4 侧光

侧光（raking light）是指从侧面斜射的光线，通常用于强调主体对象的纹理和形态。在 AI 摄影中，使用关键词 raking light 可以突出主体对象的表面细节和立体感，在强调细节的同时也会加强色彩的对比度和明暗反差效果。

另外，对于人像类 AI 摄影作品来说，raking light 能够强化人物的面部轮廓，让人物的五官更加立体，塑造出独特的气质和形象，效果如图 7.34 所示。

图 7.34 添加关键词 raking light 生成的照片效果

7.8 四种 AI 摄影热门的光线类型

加入光源角度、强度、颜色等光线类关键词，可以对画面主体进行突出或柔化处理，调整场景氛围，增强画面表现力，从而深化 AI 照片内容。在掌握四种 AI 摄影基础的光线类型后，本节将为大家介绍四种 AI 摄影热门的光线类型，帮助大家了解当下的摄影热门作品。

7.8.1 暖光

暖光（warm light）是指色温较低的光线，通常呈现出黄、橙、红等暖色调。在 AI 摄影中，使用关键词 warm light 可以营造出温馨、舒适、浪漫的画面感，并且能够突出主体对象的色彩和质感。例如，在用 AI 生成美食照片时，添加关键词 warm light 可以让食物的色彩变得更加诱人，效果如图 7.35 所示。

图 7.35　添加关键词 warm light 生成的照片效果

7.8.2 边缘光

边缘光（edge light）是指从主体的侧面或者背面照射过来的光线，通常用于强调主体的形状和轮廓。使用关键词 edge light 可以突出主体对象的形态和立体感，非常适合生成人像和静物等类型的 AI 摄影作品，效果如图 7.36 所示。

图 7.36　添加关键词 edge light 生成的照片效果

温馨提示

edge light 能够自然地定义主体和背景之间的边界，增加画面的对比度，提升视觉效果。需要注意的是，edge light 在强调主体轮廓的同时也会产生一定程度上的剪影效果，因此需要控制光源角度，避免光斑与阴影出现不协调的情况。

7.8.3 轮廓光

轮廓光（contour light）是指可以勾勒出主体轮廓线条的侧光或逆光，能够产生强烈的视觉张力和层次感，从而提升视觉效果，如图 7.37 所示。

图 7.37 添加关键词 contour light 生成的照片效果

在 AI 摄影中，使用关键词 contour light 可以使主体对象更清晰、生动，增强照片的展示效果，使其更加吸引观众的注意力。

7.8.4 立体光

立体光（volumetric light）是指穿过一定密度物质（如尘埃、雾气、树叶、烟雾等）而形成的有体积感的光线，有点类似于丁达尔效应。在 AI 摄影中，使用关键词 volumetric light 可以营造出自然的氛围和光影效果，增强照片的表现力。

例如，在使用 AI 生成树林摄影作品时，添加关键词 volumetric light 能够增加画面的层次感和复杂度，营造出特殊的空间感和氛围感，效果如图 7.38 所示。

图 7.38 添加关键词 volumetric light 生成的照片效果

本章小结

本章主要向读者介绍了AI摄影的构图视角、镜头景别、构图法则、摄影光线用法和光线类型。通过对本章的学习，读者能够更好地创作精美的AI摄影作品。

课后习题

鉴于本章知识的重要性，为了帮助读者更好地掌握所学知识，下面将通过课后习题，帮助读者进行简单的知识回顾和补充。

1. 使用Midjourney生成一张正视图的人物全景照片。
2. 使用Midjourney生成一张明亮光线的风景照片。

摄影绘画实战：展现人工智能的神奇之处

第8章

本章要点

随着人工智能技术的发展，AI摄影日益成为全球视觉艺术领域的热门话题。AI算法的应用使数字化的摄影和绘画创作方式更加多样化，同时创意和表现力也得到了新的提升。本章将通过两个纵向案例对AI摄影作品的相关操作流程进行详细介绍，并分享其他类型的AI摄影作品案例。

8.1 基础：建筑类摄影作品的绘制流程

AI 绘画工具通过将大量的图像数据输入深度学习模型中进行训练，建立模型的基础，然后使用训练好的模型生成新的图像，这个过程又称为"生成"或"合成"。在此过程中，用户可以通过调整模型的参数和设置，对生成的图像进行优化和改进，使其更符合自己的需求和审美标准。本节将以 ChatGPT 和 Midjourney 为例，介绍建筑类摄影作品的绘制流程。

8.1.1 描述画面主体生成关键词

扫码看教程

在通过 AI 绘画工具生成照片时，首先要描述画面主体。描述画面主体是指用户需要画一个什么样的东西，要把画面的主体内容讲清楚。例如，要创作一幅徽派建筑的画作，可以先借助 ChatGPT 生成关键词，然后再通过 Midjourney 进行绘画，具体的操作方法如下。

步骤 01 在 ChatGPT 中输入关键词"你是一名 AI 画师，请帮我简单写 5 个描述徽派建筑特征的关键词，20 字左右"，ChatGPT 的回答如图 8.1 所示。

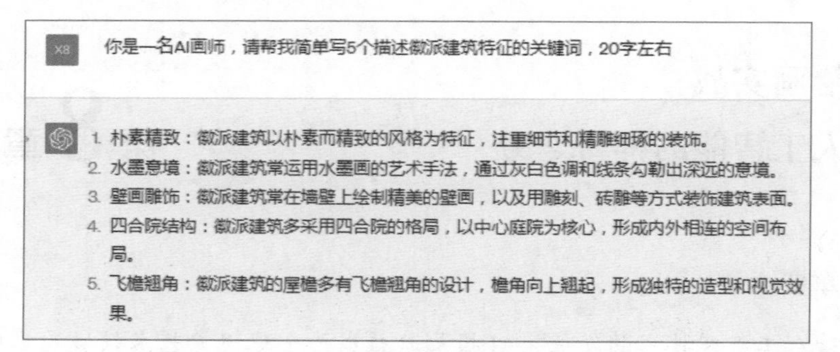

图 8.1 使用 ChatGPT 生成关键词

步骤 02 将这些关键词翻译为英文，如图 8.2 所示。

图 8.2 将关键词翻译为英文

步骤 03 在 Midjourney 中通过 imagine 指令输入翻译后的英文关键词，进行适当修改，生成初步的图片，效果如图 8.3 所示。

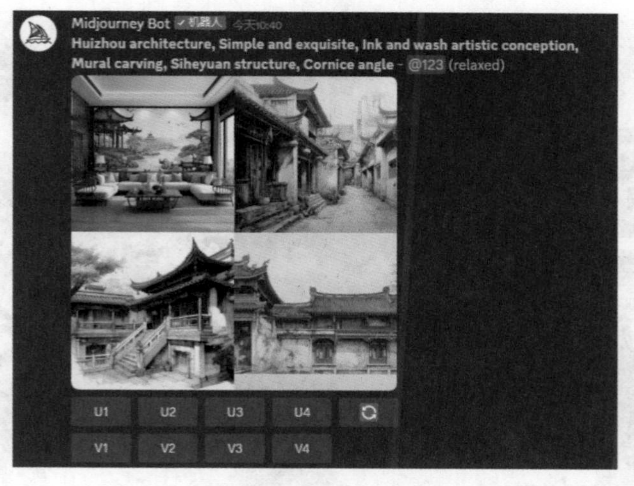

图 8.3 使用 Midjourney 生成初步的图片效果

8.1.2 补充画面细节用于主体描述

扫码看教程

画面细节主要用于补充对主体的描述，如陪体、环境、景别、镜头、视角、灯光、画质等，让 AI 进一步理解用户的想法。

例如，在 8.1.1 小节关键词的基础上，增加一些对画面细节的描述，如“白墙灰瓦，有小花园，有小池塘，广角镜头，逆光，太阳光线，超高清画质”，将其翻译为英文后，再次通过 Midjourney 生成图片效果，具体的操作方法如下。

步骤 01 在 Midjourney 中通过 imagine 指令输入相应的关键词，如图 8.4 所示。

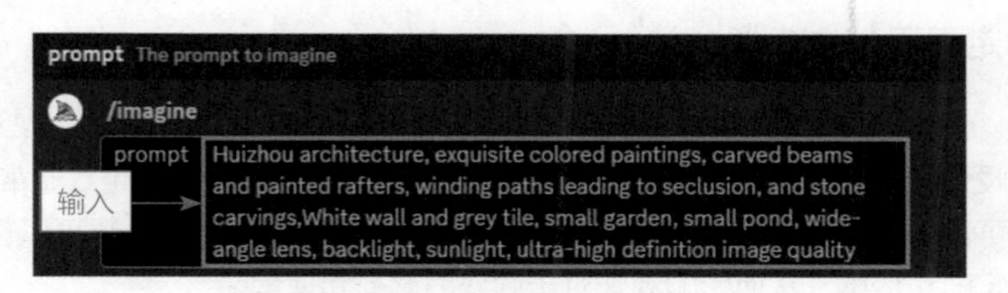

图 8.4 输入相应的关键词

温馨提示

画面细节可以包括光影、纹理、线条、形状等方面，用细节描述可以使画面更具立体感和真实感，让观众更深入地理解和感受画面所表达的主题和情感。

步骤 02 按 Enter 键确认，即可生成补充画面细节关键词后的图片，效果如图 8.5 所示。

图 8.5　补充画面细节关键词后的图片效果

8.1.3　指定画面整体色调

扫码看教程

照片中的色调是指画面中整体色彩的基调和色调的组合，常见的色调包括暖色调、冷色调、明亮色调、柔和色调等。色调在摄影中起着非常重要的作用，可以传达创作者想要表达的情感和意境。不同的色调组合还可以创造出不同的氛围和情感，从而影响观众对于画作的感受和理解。

例如，在 8.1.2 小节关键词的基础上，删减一些无效关键词，适当调整关键词的顺序，然后指定画面色调，如柔和色调（soft colors），将其翻译为英文后，再次通过 Midjourney 生成图片效果，具体的操作方法如下。

步骤 01 在 Midjourney 中通过 imagine 指令输入相应的关键词，如图 8.6 所示。

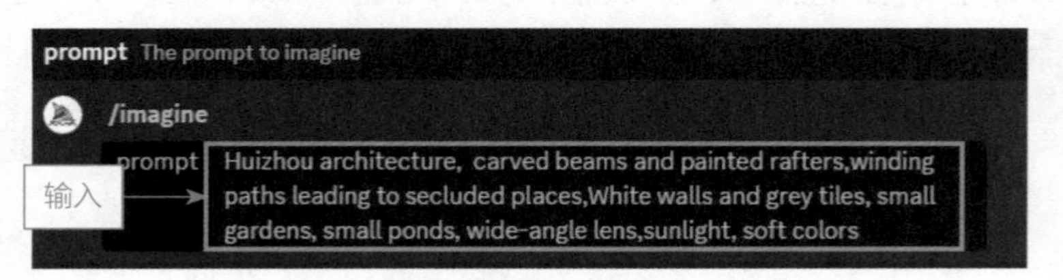

图 8.6　输入相应的关键词

步骤 02 按 Enter 键确认，生成指定画面色调后的图片，效果如图 8.7 所示。

图 8.7　指定画面色调后的图片效果

8.1.4　设置参数调整画面细节

设置画面的参数能够进一步调整画面细节，除了 Midjourney 中的指令参数外，用户还可以添加 4K（超高清分辨率）、8K、3D、渲染器等参数，让画面的细节更加真实、精美。

扫码看教程

例如，在 8.1.3 小节关键词的基础上，设置一些画面参数（如 4K --chaos 60），再次通过 Midjourney 生成图片效果，具体的操作方法如下。

步骤 01 在 Midjourney 中通过 imagine 指令输入相应的关键词，如图 8.8 所示。

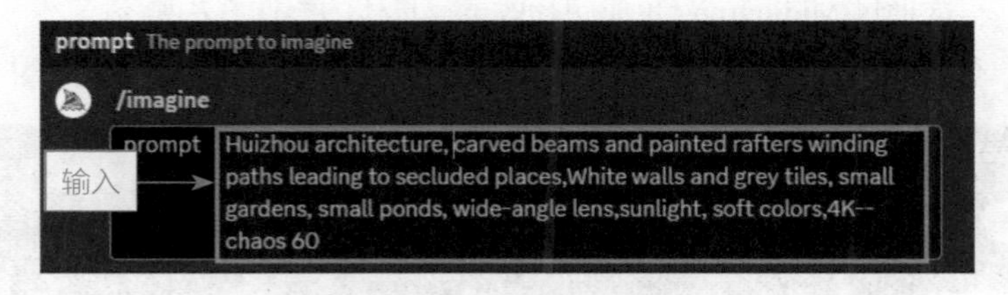

图 8.8　输入相应的关键词

步骤 02 按 Enter 键确认，生成设置画面参数后的图片，效果如图 8.9 所示。

图 8.9　设置画面参数后的图片效果

8.1.5　指定艺术风格增强独特性

扫码看教程

艺术风格是指艺术家在创作过程中形成的独特表现方式和视觉语言，通常包括他们在构图、色彩、线条、材质、表现主题等方面的选择和处理方式。在 AI 摄影中指定作品的艺术风格，能够更好地表达作品的情感、思想和观点。

艺术风格的种类繁多，包括印象派、抽象表现主义、写实主义、超现实主义等。每种风格都有其独特的表现方式和特点，如印象派的色彩运用和光影效果、抽象表现主义的笔触和抽象形态等。

例如，在 8.1.4 小节关键词的基础上，增加一个艺术风格的关键词，如超现实主义（surrealism），再次通过 Midjourney 生成图片效果，具体的操作方法如下。

步骤 01 在 Midjourney 中通过 imagine 指令输入相应的关键词，如图 8.10 所示。

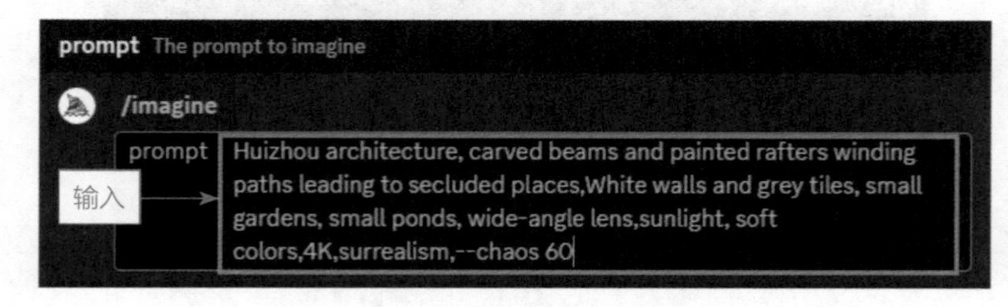

图 8.10　输入相应的关键词

步骤 02 按 Enter 键确认，生成指定艺术风格后的图片，效果如图 8.11 所示。

图 8.11　指定艺术风格后的图片效果

8.1.6　设置画面尺寸修改横纵比

扫码看教程

画面尺寸是指 AI 生成的图像横纵比，也称为宽高比或画幅，通常表示为用冒号分隔的两个数字，如 7∶4、4∶3、1∶1、16∶9、9∶16 等。画面尺寸的选择直接影响到作品的视觉效果，如 16∶9 的画面尺寸可以获得更宽广的视野和更好的画质表现，而 9∶16 的画面尺寸则适用于绘制人像的全身照。

例如，在 8.1.5 小节关键词的基础上设置相应的画面尺寸，增加关键词 --aspect 16∶9，再次通过 Midjourney 生成图片效果，具体的操作方法如下。

步骤 01 在 Midjourney 中通过 imagine 指令输入相应的关键词，如图 8.12 所示。

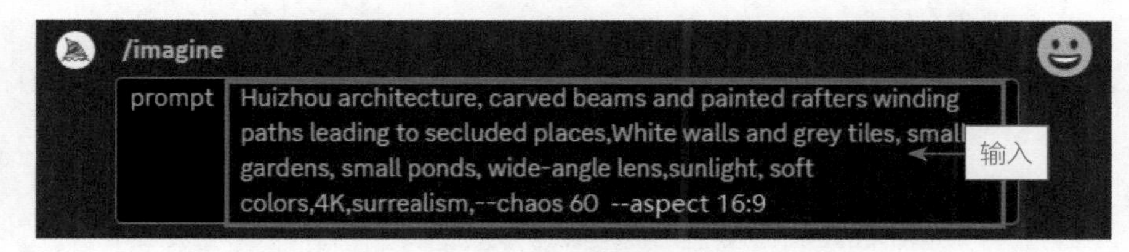

图 8.12　输入相应的关键词

步骤 02 按 Enter 键确认，生成设置画面尺寸后的图片，效果如图 8.13 所示。

图 8.13　设置画面尺寸后的图片效果

8.2　进阶：风光类摄影作品的绘制流程

本节将以 ChatGPT 和 Midjourney 为例，介绍风光类摄影作品的进阶绘制流程。

8.2.1　使用 ChatGPT 生成照片关键词

如果要生成一张雪山风光的照片，可以先借助 ChatGPT 生成关键词，然后再通过 Midjourney 进行 AI 绘画生成照片。首先在 ChatGPT 中输入相应的关键词，对 ChatGPT 的 AI 模型进行训练，让它了解用户想要的大致内容格式，如图 8.14 所示。

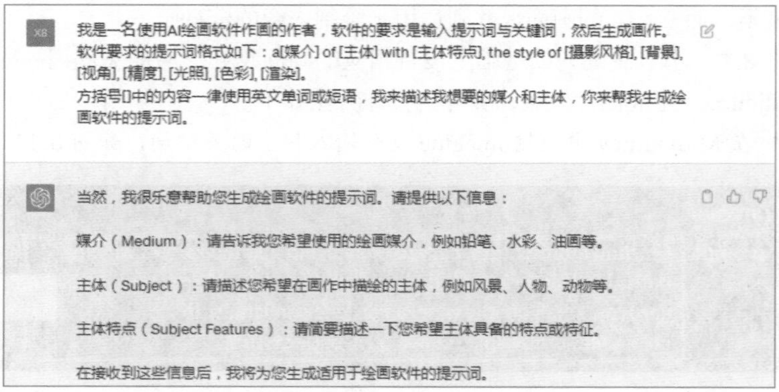

我是一名使用AI绘画软件作画的作者，软件的要求是输入提示词与关键词，然后生成画作。软件要求的提示词格式如下：a[媒介] of [主体] with [主体特点], the style of [摄影风格], [背景], [视角], [精度], [光照], [色彩], [渲染]。
方括号[]中的内容一律使用英文单词或短语，我来描述我想要的媒介和主体，你来帮我生成绘画软件的提示词。

当然，我很乐意帮助您生成绘画软件的提示词。请提供以下信息：

媒介（Medium）：请告诉我您希望使用的绘画媒介，例如铅笔、水彩、油画等。

主体（Subject）：请描述您希望在画作中描绘的主体，例如风景、人物、动物等。

主体特点（Subject Features）：请简要描述一下您希望主体具备的特点或特征。

在接收到这些信息后，我将为您生成适用于绘画软件的提示词。

图 8.14　训练 ChatGPT 的 AI 模型

然后将想要生成的照片信息告诉 ChatGPT，让它生成符合要求的关键词，ChatGPT 的回答如图 8.15 所示。

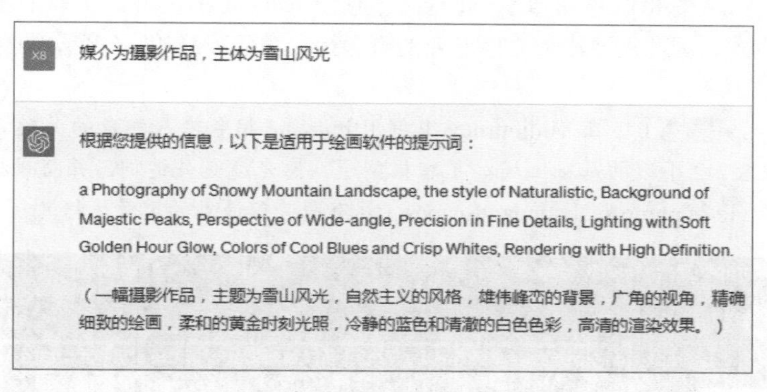
媒介为摄影作品，主体为雪山风光

根据您提供的信息，以下是适用于绘画软件的提示词：

a Photography of Snowy Mountain Landscape, the style of Naturalistic, Background of Majestic Peaks, Perspective of Wide-angle, Precision in Fine Details, Lighting with Soft Golden Hour Glow, Colors of Cool Blues and Crisp Whites, Rendering with High Definition.

（一幅摄影作品，主题为雪山风光，自然主义的风格，雄伟峰峦的背景，广角的视角，精确细致的绘画，柔和的黄金时刻光照，冷静的蓝色和清澈的白色色彩，高清的渲染效果。）

图 8.15　使用 ChatGPT 生成关键词

8.2.2　输入关键词自动生成照片

在 ChatGPT 中生成照片关键词后，可以将其直接输入 Midjourney 中生成对应的照片，具体的操作方法如下。

扫码看教程

步骤 01　在 Midjourney 中调用 imagine 指令，输入在 ChatGPT 中生成的照片关键词，如图 8.16 所示。

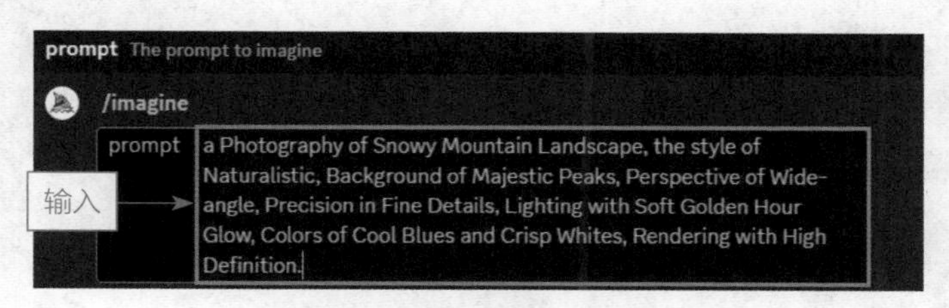

图 8.16　输入相应的关键词

步骤 02　按 Enter 键确认，Midjourney 将生成 4 张对应的图片，如图 8.17 所示。

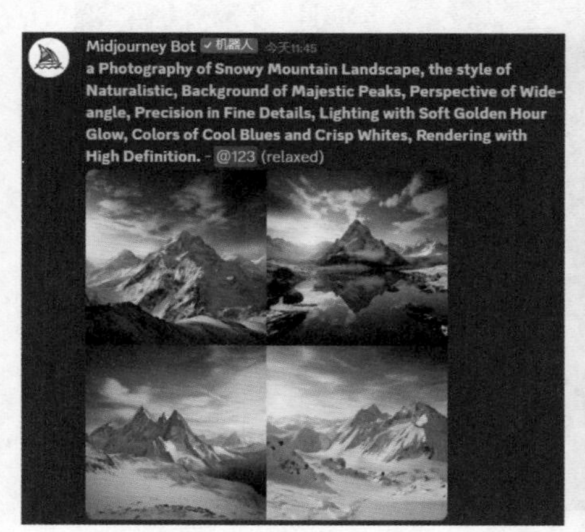

图 8.17　生成 4 张对应的图片

8.2.3 添加摄影指令增强真实感

扫码看教程

从图 8.17 中可以看到，直接通过 ChatGPT 的关键词生成的图片仍然不够真实，因此需要添加一些专业的摄影指令增强照片的真实感，具体的操作方法如下。

步骤 01 在 Midjourney 中调用 imagine 指令输入相应的关键词，如图 8.18 所示，主要在 8.2.2 小节的基础上增加了相机型号、感光度等关键词，并将风格描述关键词修改为 in the style of photo-realistic landscapes（具有照片般逼真的风景风格）。

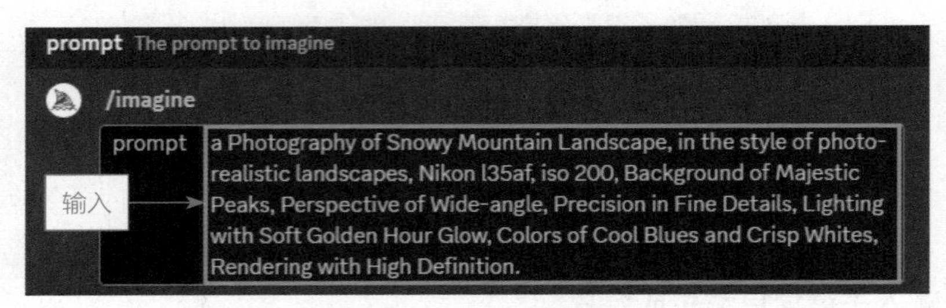

图 8.18 输入相应的关键词

步骤 02 按 Enter 键确认，Midjourney 将生成 4 张对应的图片，可以提升画面的真实感，效果如图 8.19 所示。

图 8.19 Midjourney 生成的图片效果

8.2.4 添加细节元素丰富画面效果

接下来在关键词中添加一些细节元素的描写，以丰富画面效果，使Midjourney生成的照片更加生动、有趣和吸引人，具体的操作方法如下。

扫码看教程

步骤 01 在Midjourney中调用imagine指令输入相应的关键词，如图8.20所示，主要在8.2.3小节的基础上增加了关键词a view of the mountains and river（群山和河流的景色）。

图8.20 输入相应的关键词

步骤 02 按Enter键确认，Midjourney将生成4张对应的图片，可以看到画面中的细节元素更加丰富，不仅保留了雪山，而且前景处还出现了一条河流，效果如图8.21所示。

图8.21 Midjourney生成的图片效果

8.2.5 调整画面的光线和色彩效果

扫码看教程

接下来在关键词中增加一些与光线和色彩相关的关键词，增强画面的整体视觉冲击力，具体的操作方法如下。

步骤 01 在 Midjourney 中调用 imagine 指令输入相应的关键词，如图 8.22 所示，主要在 8.2.4 小节的基础上增加了光线、色彩等关键词。

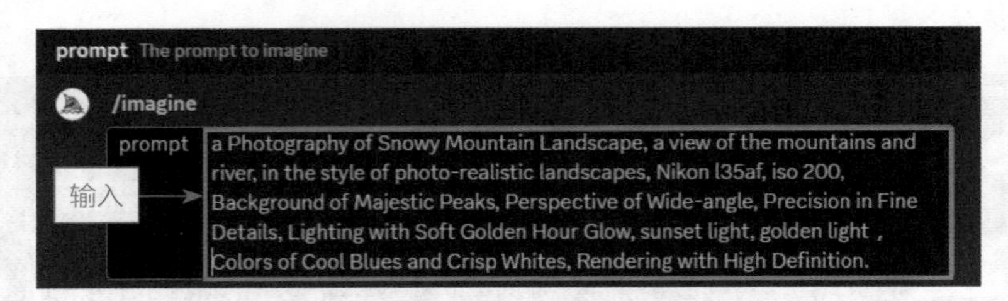

图 8.22 输入相应的关键词

步骤 02 按 Enter 键确认，Midjourney 将生成 4 张对应的图片，可以营造出更加逼真的影调，效果如图 8.23 所示。

图 8.23 Midjourney 生成的图片效果

扫码看教程

8.2.6 提升 Midjourney 的出图品质

最后增加一些出图品质关键词，适当改变画面的横纵比，让画面拥有更加宽广的视野，具体的操作方法如下。

步骤 01 在 Midjourney 中调用 imagine 指令输入相应的关键词，如图 8.24 所示，主要在 8.2.5 小节的基础上增加了分辨率和高清画质等关键词。

图 8.24　输入相应的关键词

步骤 02 按 Enter 键确认，Midjourney 将生成 4 张对应的图片，可以让画面显得更加清晰、细腻和真实，效果如图 8.25 所示。

图 8.25　Midjourney 生成的图片效果

步骤 03 单击 U3 按钮，放大第 3 张图片，效果如图 8.26 所示。

图 8.26　放大第 3 张图片效果

8.3 各类摄影作品的案例实战

在前两节的案例实战中，已经介绍了从基础到进阶的生成两种AI摄影风格作品的操作流程，本节将综合常见的几种AI摄影作品，通过横向展示的方式介绍AI摄影的其他风格作品。

8.3.1 绘制环境人像摄影作品

扫码看教程

环境人像旨在通过将人物与周围环境有机地结合在一起，以展示人物的个性、身份和生活背景，通过环境与人物的融合传达更深层次的意义和故事。下面以Midjourney为例，介绍生成环境人像摄影作品的操作方法。

步骤 01 在Midjourney中通过imagine指令输入相应的关键词，如图8.27所示。为了更好地展示出人物的全身效果，因此特意将关键词full body（全身）放到了靠前的位置。

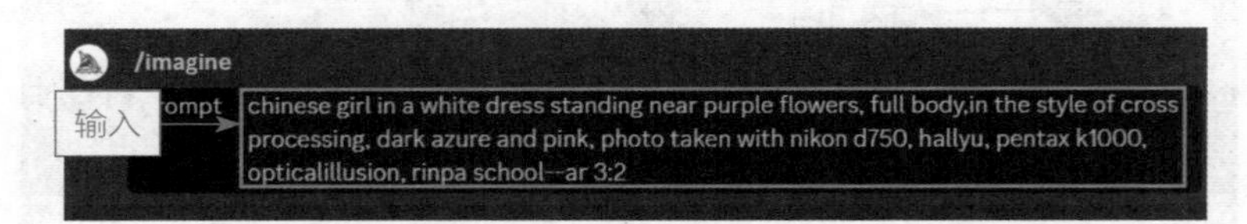

图8.27 输入相应的关键词

步骤 02 按Enter键确认，即可生成相应的环境人像摄影作品，如图8.28所示。

图8.28 生成相应的环境人像摄影作品（人像全身照）

步骤 03 如果要展现人物的近景，可以将关键词 full body 替换为 upper body close-up（上身特写），如图 8.29 所示。

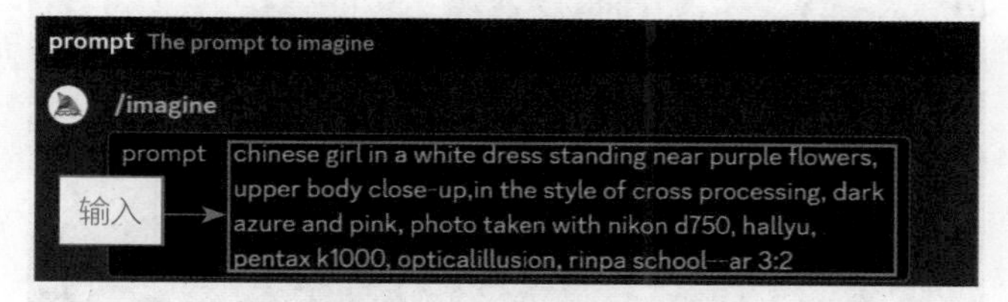

图 8.29 替换相应的关键词

步骤 04 按 Enter 键确认，即可生成相应的环境人像摄影作品，如图 8.30 所示。

图 8.30 生成相应的环境人像摄影作品

8.3.2 绘制桥梁摄影作品

桥梁是一种特殊的建筑题材，它主要强调对桥梁结构、设计和美学的表现。在用 AI 生成桥梁照片时，不仅需要突出桥梁的线条和结构，还需要强调环境与背景，同时还要注重光影效果，通过关键词的巧妙构思和创意处理，展现桥梁的独特美感和价值。

扫码看教程

下面以 Midjourney 为例，介绍用 AI 生成桥梁摄影作品的操作方法。

步骤 01 在 Midjourney 中输入主体描述关键词 this bridge is red, long（这座桥是红色的，很长），生成的图片效果如图 8.31 所示，此时画面中只有主体对象，背景不够明显。

步骤 02 添加背景描述关键词 and spanning water, the background is light sky blue（横跨水面，背景是淡天蓝色），生成的图片效果如图 8.32 所示，增加画面中的背景元素。

图 8.31　桥梁主体图片效果

图 8.32　添加背景描述关键词后的图片效果

温馨提示

桥梁作为一种特殊的建筑类型，其线条和结构非常重要，因此在生成 AI 照片时需要通过关键词突出其线条和结构的美感。

步骤 03 添加色彩关键词 strong color contrasts, vibrant color usage, light red and red（强烈的色彩对比，鲜艳的色彩使用，浅红色和红色），生成的图片效果如图 8.33 所示，画面的色彩对比更加明显。

图 8.33 添加色彩关键词后的图片效果

步骤 04 添加光线和艺术风格关键词 luminous quality, danube school（发光质量，多瑙河学派），生成的图片效果如图 8.34 所示，画面产生了一定的光影感，并且形成了某种艺术风格。

图 8.34 添加光线和艺术风格关键词后的图片效果

步骤 05 添加构图关键词 profile（侧面），添加关键词 --ar 3∶2（画布尺寸为 3∶2）指定画面的比例，生成的图片效果如图 8.35 所示，让视图从正面转换为侧面，可以形成生动的斜线构图效果。

图 8.35　添加构图关键词后的图片效果

步骤 06 单击 U2 按钮，放大第 2 张图片，效果如图 8.36 所示，这张图片的色彩对比非常鲜明，而且具有斜线构图、透视构图和曲线构图等形式，形成了独特的视觉效果。

图 8.36　桥梁摄影作品的大图效果

8.3.3　绘制鸟类摄影作品

扫码看教程

如果要成功拍出令人惊叹的鸟类照片，需要用户具备一定的摄影技巧和专注力，尤其在拍摄鸟的眼睛和羽毛细节时，要求对鸟类进行准确的对焦。但在 AI 摄影中，只需用好关键词，即可轻松生成各种各样精美的鸟类摄影作品。下面介绍用 AI 生成鸟类摄影作品的操作方法。

步骤 01 在 Midjourney 中通过 imagine 指令输入相应的关键词，如 colorful bird sitting on the branches（五颜六色的鸟坐在树枝上），如图 8.37 所示。

图 8.37 输入相应的关键词

步骤 02 按 Enter 键确认，生成相应的画面主体，效果如图 8.38 所示，可以看到整体风格不够写实。

步骤 03 继续添加关键词 in the style of photo-realistic techniques（在照片逼真技术的风格中）后生成的图片效果如图 8.39 所示，画面偏现实主义风格。

图 8.38 画面主体效果

图 8.39 微调风格后的效果

步骤 04 继续添加关键词 in the style of dark emerald and light amber（深色祖母绿和浅琥珀色）后生成的图片效果如图 8.40 所示，指定画面的主体色调。

步骤 05 继续添加关键词 soft yet vibrant（柔软而充满活力）后生成的图片效果如图 8.41 所示，指定画面的影调氛围。

图 8.40 微调色调后的效果

图 8.41 微调影调后的效果

步骤 06 继续添加关键词 birds & flowers, minimalist backgrounds（鸟和花，极简主义背景）后生成的图片效果如图 8.42 所示，微调画面的背景环境。

步骤 07 继续添加关键词 emotional imagery（情感意象）后生成的图片效果如图 8.43 所示，唤起特定的情感。

图 8.42 微调背景环境的效果

图 8.43 唤起特定情感后的效果

步骤 08 继续添加关键词 Ultra HD picture --ar 8∶5（超高清画面）后生成的图片效果如图 8.44 所示，调整画面的清晰度和比例。

步骤 09 单击 U2 按钮，以第 2 张图为模板生成相应的大图效果，如图 8.45 所示，最终的鸟类摄影作品具有清晰、细节丰富的图像效果，更好地展现了鸟类的特点，以增强视觉冲击力。

图 8.44 调整清晰度和比例后的效果

图 8.45 生成大图效果

扫码看教程

8.3.4 绘制山景摄影作品

山景是摄影师最常用的创作题材之一，大自然中的山可以说是千姿百态，不同时间、不同位置、不同角度的山可以呈现出不同的视觉效果。在用 AI 生成山景照片时，可以充分利用关键词突出山的形状特点，展现美不胜收的山景风光。下面介绍通过 AI 生成山景摄影作品的操作方法。

步骤 01 在 ChatGPT 中输入关键词“你是一名 AI 画师，请描述大山风景的画面，写 5 段不同的关键词”，ChatGPT 的回答如图 8.46 所示。

你是一名AI画师，请描述大山风景的画面，写5段不同的关键词

当描绘大山风景的画面时，以下是五个关键词可以使用：

1. 雄伟壮丽：描绘大山的威严和宏伟之处。用厚重的笔触表现山体的高耸与广袤，突显其壮丽的气势。
2. 岩石嶙峋：强调山脉中岩石的形态与纹理。使用细腻的线条勾勒出岩石的坚硬轮廓，以及山体上由岩石形成的峭壁和岩峰。
3. 蓝天白云：突出山脉与天空的对比。使用明亮的蓝色和柔和的白色表现晴朗的天空和飘逸的云朵，营造出一种清新和宁静的氛围。
4. 流水潺潺：展现山脉中的溪流或瀑布。通过流动的线条和淡淡的水色描绘水流的动态，营造出一种生机勃勃和静谧的感觉。
5. 林木葱茏：强调山脉上覆盖的茂密森林。运用浓密的绿色表现树木的繁茂与翠绿，通过细腻的笔触刻画出树叶与树干的细节，展现自然界的生机与活力。

以上关键词的组合可以帮助你描绘一个富有张力和美感的大山风景画面。

图 8.46　使用 ChatGPT 生成关键词

步骤 02 在 ChatGPT 中输入关键词“请翻译为英文”，ChatGPT 即可将前面生成的关键词翻译为英文，如图 8.47 所示。

XB 请翻译为英文

As an AI artist, here are five key words to describe a scenic mountain landscape:

1. Majestic: Depicting the grandeur and magnificence of the mountains. Use bold brushstrokes to portray the towering and expansive nature of the mountains, highlighting their awe-inspiring presence.
2. Rocky and rugged: Emphasizing the formation and texture of the mountain range. Use delicate lines to outline the rugged contours of the rocks, as well as the cliffs and peaks formed by them on the mountainside.
3. Blue skies and white clouds: Contrasting the mountains with the sky. Use bright blue and soft white to depict a clear sky and ethereal clouds, creating a sense of freshness and tranquility.
4. Babbling streams: Showcasing streams or waterfalls within the mountain range. Depict the flowing water with fluid lines and subtle watercolor tones, evoking a lively yet serene atmosphere.
5. Lush foliage: Highlighting the dense forests covering the mountains. Use rich shades of green to depict the lushness and vibrancy of the trees, employing intricate brushstrokes to capture the details of leaves and tree trunks, showcasing the vitality of nature.

By combining these key words, you can create a compelling and beautiful mountain landscape painting.

图 8.47　将关键词翻译为英文

步骤 03 选取其中 4 段关键词，分别通过 Midjourney 生成相应的图片，效果如图 8.48 所示。

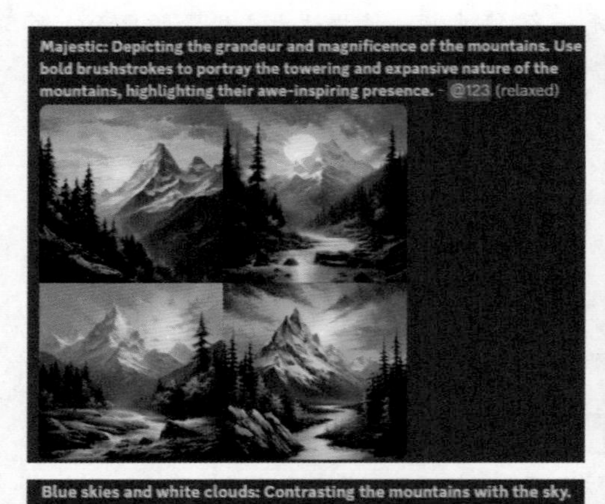

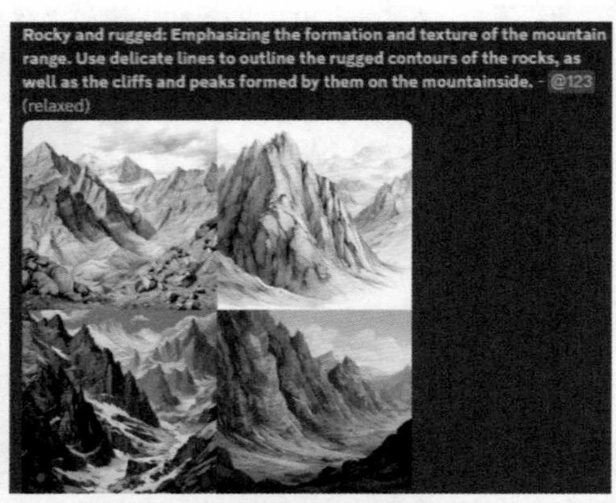

图 8.48　通过 Midjourney 生成相应的图片

从图 8.48 中可以看到，直接通过 ChatGPT+Midjourney 的配合使用可以快速生成漂亮的 AI 摄影作品，但放大后可以看到画面的真实感还是有点欠缺的，如图 8.49 所示。

图 8.49　山景 AI 摄影作品的大图效果

图 8.49（续）

对于这个不足之处，可以添加相应的 AI 摄影关键词进行弥补，让山景照片的画面更加逼真，同时可以在关键词后面添加尺寸指令，改变照片的比例，更改后的效果如图 8.50 所示。

图 8.50 添加 AI 摄影关键词后生成的山景照片效果

8.3.5 绘制公园摄影作品

公园是一种常见的人文景观，它不仅是一个自然环境的集合，还是人类文化和社会活动的产物。许多公园中设置了雕塑、艺术装置、人文建筑等文化和艺术元素，以供人们欣赏。

扫码看教程

在通过 Midjourney 绘制人文摄影作品时，可以使用相应的指令将一些常用的关键词保存在一个标签中。下面以一个冬季公园为例，画面中包括湖泊、凉亭、植物等常见的景观元素，描绘出一幅优美的公园摄影作品，具体的操作方法如下。

步骤 01 在 Midjourney 下面的输入框内输入“/”，在弹出的列表框中选择 prefer option set 指令，如图 8.51 所示。

步骤 02 执行操作后，在 option（选项）文本框中输入相应的名称，如 rwsy，如图 8.52 所示。

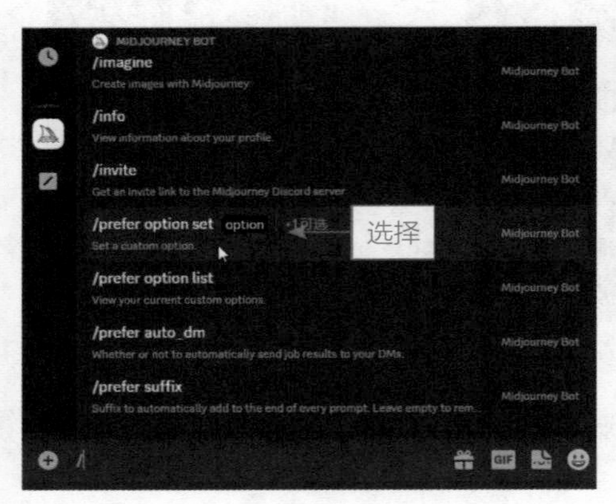

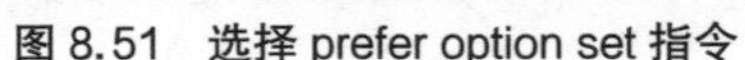
图 8.51 选择 prefer option set 指令

图 8.52 输入相应的名称

步骤 03 执行操作后，单击“增加 1”按钮，在上方的“选项”列表框中选择 value（参数值）选项，如图 8.53 所示。

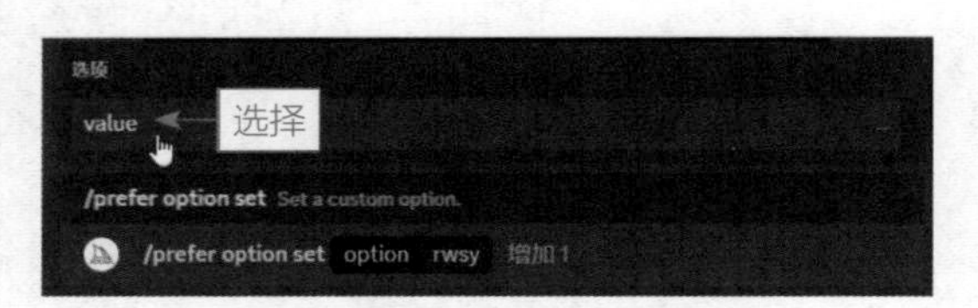

图 8.53 选择 value 选项

步骤 04 执行操作后，在 value 文本框中输入相应的关键词，如图 8.54 所示。这里的关键词就是所要添加的一些固定的指令。

图 8.54 输入相应的关键词

步骤 05 按 Enter 键确认，即可将上述关键词存储到 Midjourney 的服务器中，如图 8.55 所示，从而给这些关键词打上一个统一的标签，标签名称就是 rwsy。

图 8.55 存储关键词

步骤 06 在 Midjourney 中通过 imagine 指令输入相应的关键词，主要用于描述主体对象，如图 8.56 所示。

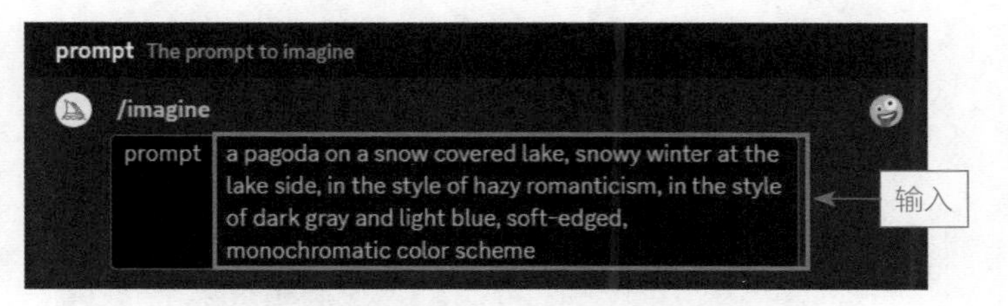

图 8.56 输入描述主体对象的关键词

步骤 07 在关键词的后面添加一个空格并输入 --rwsy 指令，即调用 rwsy 标签，如图 8.57 所示。

图 8.57 输入 --rwsy 指令

步骤 08 按 Enter 键确认，即可生成相应的公园照片，效果如图 8.58 所示。可以看到，Midjourney 在生成照片时会自动添加 rwsy 标签中的关键词。

步骤 09 单击 U2 按钮，放大第 2 张图片，效果如图 8.59 所示。

图 8.58 生成相应的公园照片

图 8.59 放大第 2 张图片效果

图 8.60 所示为公园照片的大图效果，主要利用公园中的自然元素和景观进行 AI 绘画，呈现出丰富多样的美感，给观众带来视觉享受从而激发观众的情感。

图 8.60　公园照片的大图效果

本章小结

本章主要向读者介绍了 AI 摄影作品的基础操作流程和进阶操作流程，同时对其他类型的 AI 摄影作品进行了简单的案例讲解，为读者提供多种类型的案例实战作品。通过对本章的学习，读者能够更好地掌握生成 AI 摄影作品的方法。

课后习题

鉴于本章知识的重要性，为了帮助读者更好地掌握所学知识，下面将通过课后习题，帮助读者进行简单的知识回顾和补充。

1. 使用 ChatGPT+Midjourney 生成一张草原照片。
2. 使用 Midjourney 生成一张海岛日出照片。

【AI 视频创作篇】

AI视频创作：用文本生成视频

第9章

本章要点

脚本文案对于短视频制作起着至关重要的作用，借助剪映电脑版的“图文成片”功能，可以根据用户提供的脚本文案智能匹配素材，快速制作短视频。本章主要介绍利用ChatGPT生成脚本文案的方法，以及借助剪映电脑版的“图文成片”功能快速生成AI视频的操作技巧。

9.1 利用 ChatGPT 生成脚本文案

用户可以利用 ChatGPT 生成创意丰富的短视频脚本文案，从而创作出吸引人的短视频内容，本节将介绍一些相关的文案生成技巧。

9.1.1 策划短视频的主题

用户可以在 ChatGPT 中通过输入相关主题、情节、角色、对话等信息，来启发 ChatGPT 生成创意丰富的短视频脚本文案。这样，用户就能够更快地创作出吸引人的短视频内容，提高短视频的质量和观众的参与度。

扫码看教程

制作短视频的目的是吸引观众的注意力，传达信息和情感。因此，用户首先要策划一个好的主题，具体的操作方法如下。

步骤 01 在 ChatGPT 中输入“帮我推荐 10 个热门短视频话题”，ChatGPT 的回复如图 9.1 所示。

帮我推荐10个热门短视频话题

当下的热门短视频话题各种各样，以下是一些可能受欢迎的热门话题：

1. TikTok舞蹈挑战：TikTok上有很多流行的舞蹈挑战，可以尝试跳跃起来并分享你的舞蹈技巧。
2. 宠物趣事：拍摄你的宠物在有趣或搞怪的瞬间的视频，宠物视频总是很受欢迎。
3. 搞笑短剧：制作一些搞笑、滑稽或奇特的短剧情节，吸引观众的笑声。
4. 健身挑战：分享你的健身日常或者完成一些健身挑战，激励他人并展示你的身体素质。
5. 美食制作：录制美味佳肴的制作过程，或者分享一些独特的食谱和美食文化。
6. 时尚穿搭：展示你的时尚品位，分享你的搭配技巧或者时尚见解。
7. 魔术表演：展示一些魔术技巧或者幕后花絮，让观众大开眼界。
8. 景点旅游：记录你的旅行经历，分享你去过的美丽景点和文化体验。
9. 幽默配音：为一些有趣的视频配上幽默的台词或者音效，制造出搞笑效果。
10. 玩具评测：分享你对流行玩具的评测和展示，吸引喜爱该玩具的观众。

这些只是一些热门的短视频话题，你可以根据自己的兴趣和才能进行创作，也可以关注当前社交媒体平台上的热门话题和趋势来获得灵感。

图 9.1 推荐 10 个热门短视频话题

步骤 02 让 ChatGPT 在“# 时尚穿搭”这个大的类目下列出一些子主题。在 ChatGPT 中输入“关于 # 时尚穿搭，给我 10 个子主题建议”，ChatGPT 的回复如图 9.2 所示。

步骤 03 从上面列举的 10 个子主题中选择一个，如“街头风格”，让 ChatGPT 再列出 10 个视频创意的想法，输入“关于时尚穿搭中的街头风格，介绍如何彰显街头文化和个性等，要作为分享人来说，不需要很强的营销口吻，帮我再想 10 个视频创意的想法建议”，ChatGPT 的回复如图 9.3 所示。

关于#时尚穿搭，给我10个子主题建议

当涉及时尚穿搭的子主题时，以下是一些可以启发你的创意的建议：

1. 季节时尚：春夏秋冬的时尚穿搭灵感，包括季节色彩、材质和款式的选择。
2. 街头风格：关于街头文化和个性的时尚穿搭，包括潮流品牌、标志性配饰和街头造型的呈现。
3. 女性着装：关注女性时尚的不同风格，如正式职业装、休闲时尚、晚礼服等。
4. 男士时尚：男性穿搭风格的探索，包括商务正装、休闲运动装、潮流男装等。
5. 混搭艺术：介绍如何巧妙地将不同风格和元素进行混搭，创造出独特的时尚穿搭效果。
6. 节日主题：针对特定节日或庆典的时尚穿搭灵感，如圣诞节、万圣节、婚礼等。
7. 旅行装备：关于旅行时如何选择合适的服装和配饰，兼顾时尚和实用性。
8. 环保时尚：关注可持续时尚和环保材料，介绍可回收利用、有机纺织品等方面的时尚穿搭。
9. 时尚配饰：关于鞋子、手袋、首饰、帽子等配饰的选择和搭配技巧。
10. 时尚名人：关注时尚界的名人、设计师或时尚博主的穿搭风格，进行分析和模仿。

这些子主题可以帮助你在时尚穿搭领域获得灵感，同时也可以根据自己的兴趣和风格进行创作。记住，时尚是一个充满创意和个性的领域，可以随时根据自己的喜好进行探索和尝试。

图 9.2　列出子主题建议

关于时尚穿搭中的街头风格，介绍如何彰显街头文化和个性等，要作为分享人来说，不需要很强的营销口吻，帮我再想10个视频创意的想法建议

当涉及街头风格和彰显街头文化和个性时，以下是一些视频创意的建议，这些创意可以帮助你分享自己的时尚见解和个性，而不需要过于强调营销口吻：

1. 街头品牌解读：介绍一些经典的街头时尚品牌，包括其历史、设计理念和代表作品，展示你对这些品牌的认识和个人喜好。
2. 街头风格演变：回顾街头文化的发展和演变过程，从潮流的起源到现代的街头风格，帮助观众了解街头文化的背景和多样性。
3. DIY街头服装：展示如何利用自己的创意和手工技巧，将普通的衣物和配饰转化为个性十足的街头时尚单品。
4. 街头风格挑战：邀请观众参与街头风格挑战，例如利用限定的服饰和配饰，在规定的时间内组合出最具个性的街头造型。
5. 街头文化影响：探讨街头文化对音乐、艺术和社会的影响，分享一些与街头风格紧密相关的音乐、涂鸦、摄影等内容。
6. 街头风格收藏：展示你的街头风格服装和配饰收藏，分享你的收藏心得和珍藏单品。
7. 街头美妆技巧：介绍如何利用化妆和发型来突出街头风格，分享一些街头风格的美妆技巧和造型灵感。
8. 街头文化地标：带观众参观一些著名的街头文化地标，如街头艺术墙、涂鸦区等，了解这些地方对街头文化的重要性。
9. 街头配饰收藏：重点展示和讨论街头文化中常见的配饰，如鞋子、帽子、耳环等，分享你对配饰的喜好和搭配技巧。
10. 街头风格搭配指南：提供一些实用的街头风格搭配指南，如如何选择适合自己的街头元素、如何运用颜色和层次感等。

图 9.3　视频创意的想法建议

步骤 04 让 ChatGPT 在列出的结果中加入一些数字，这样更有说服力。输入“根据‘街头品牌解读：介绍一些经典的街头时尚品牌，包括其历史、设计理念和代表作品，展示

你对这些品牌的认识和个人喜好'这个内容，帮我写 10 个热门的短视频标题，并在其中加一些数字"，ChatGPT 的回复如图 9.4 所示。

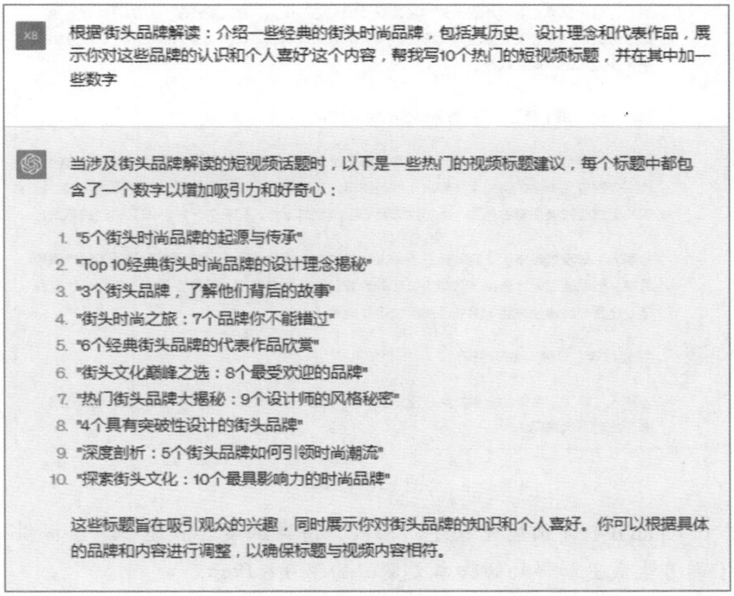

根据街头品牌解读：介绍一些经典的街头时尚品牌，包括其历史、设计理念和代表作品，展示你对这些品牌的认识和个人喜好这个内容，帮我写10个热门的短视频标题，并在其中加一些数字

当涉及街头品牌解读的短视频话题时，以下是一些热门的视频标题建议，每个标题中都包含了一个数字以增加吸引力和好奇心：

1. "5个街头时尚品牌的起源与传承"
2. "Top 10经典街头时尚品牌的设计理念揭秘"
3. "3个街头品牌，了解他们背后的故事"
4. "街头时尚之旅：7个品牌你不能错过"
5. "6个经典街头品牌的代表作品欣赏"
6. "街头文化巅峰之选：8个最受欢迎的品牌"
7. "热门街头品牌大揭秘：9个设计师的风格秘密"
8. "4个具有突破性设计的街头品牌"
9. "深度剖析：5个街头品牌如何引领时尚潮流"
10. "探索街头文化：10个最具影响力的时尚品牌"

这些标题旨在吸引观众的兴趣，同时展示你对街头品牌的知识和个人喜好。你可以根据具体的品牌和内容进行调整，以确保标题与视频内容相符。

图 9.4　生成热门的短视频标题

9.1.2　生成短视频的脚本内容

有了短视频主题后，用户即可让 ChatGPT 根据这个主题生成详细的脚本内容，具体的操作方法如下。

扫码看教程

步骤 01　在 ChatGPT 中输入"'3 个街头品牌，了解他们背后的故事'根据这个标题，写一个抖音短视频脚本。语气：分享人口吻、专业、轻松。内容符合平台规则，不要用极限词"，ChatGPT 的回复如图 9.5 所示。

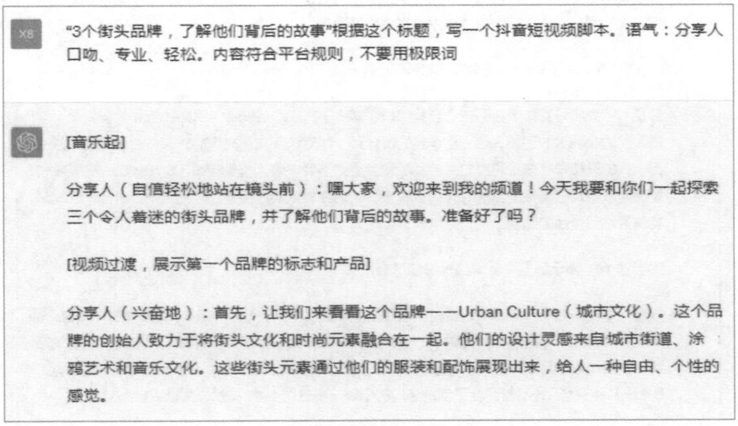

"3个街头品牌，了解他们背后的故事"根据这个标题，写一个抖音短视频脚本。语气：分享人口吻、专业、轻松。内容符合平台规则，不要用极限词

[音乐起]

分享人（自信轻松地站在镜头前）：嘿大家，欢迎来到我的频道！今天我要和你们一起探索三个令人着迷的街头品牌，并了解他们背后的故事。准备好了吗？

[视频过渡，展示第一个品牌的标志和产品]

分享人（兴奋地）：首先，让我们来看看这个品牌——Urban Culture（城市文化）。这个品牌的创始人致力于将街头文化和时尚元素融合在一起。他们的设计灵感来自城市街道、涂鸦艺术和音乐文化。这些街头元素通过他们的服装和配饰展现出来，给人一种自由、个性的感觉。

图 9.5　生成抖音短视频脚本

[视频过渡，展示第二个品牌的标志和产品]

分享人（充满好奇）：接下来，让我们来了解一下第二个品牌——Street Soul（街头灵魂）。这个品牌的创始人是一位年轻的设计师，他对街头文化充满热爱。他的设计理念是突出个人的风格和态度，通过时尚的剪裁和鲜明的图案来表达街头精神。他们的产品经常出现在街头潮流的时尚达人身上。

[视频过渡，展示第三个品牌的标志和产品]

分享人（期待地）：最后，让我们来看看第三个品牌——Urban Retro（城市复古）。这个品牌深受过去几十年的街头文化影响，他们的设计风格融合了复古元素和现代潮流。他们的服装和配饰经常使用复古色彩、标志性图案和经典款式，为人们带来一种怀旧又时尚的感觉。

分享人（兴奋地总结）：这就是三个令人着迷的街头品牌，每个品牌都有自己独特的故事和风格。他们通过设计表达了对街头文化的热爱和对个性的追求。无论你是街头潮流的忠实粉丝，还是对时尚感兴趣，这些品牌都值得你的关注。

[视频过渡，分享人微笑道别]

分享人：好了，今天的分享就到这里了。如果你喜欢这个视频，请给我点赞并订阅我的频道，我们下次再见！

图 9.5（续）

步骤 02 让 ChatGPT 详细展开叙述。输入"请详细展开叙述一下，提供一个完整的脚本"，ChatGPT 即可生成更加详细的脚本文案，如图 9.6 所示。

请详细展开叙述一下，提供一个完整的脚本

[音乐起]

分享人（自信轻松地站在镜头前）：嘿大家，欢迎来到我的频道！今天我要和你们一起探索三个令人着迷的街头品牌，并了解他们背后的故事。准备好了吗？

[视频过渡，展示第一个品牌的标志和产品]

分享人（兴奋地）：首先，让我们来看看这个品牌——Urban Culture（城市文化）。这个品牌的创始人们都是街头文化的狂热爱好者，他们致力于将街头文化和时尚元素融合在一起。他们的设计灵感来自 城市街道、涂鸦艺术和音乐文化。这些街头元素通过他们的服装和配饰展现出来，给人一种自由、个性的感觉。他们的设计不仅注重时尚的外观，更追求舒适和高质量的面料，让你在街头时尚中同时保持舒适度。

[视频过渡，展示第二个品牌的标志和产品]

分享人（充满好奇）：接下来，让我们来了解一下第二个品牌——Street Soul（街头灵魂）。这个品牌的创始人是一位年轻的设计师，他对街头文化充满热爱。他的设计理念是突出个人的风格和态度，通过时尚的剪裁和鲜明的图案来表达街头精神。Street Soul的服装和配饰经常出现在街头潮流的时尚达人身上。无论你喜欢简约还是狂野的风格，Street Soul都能满足你对个性的追求。

[视频过渡，展示第三个品牌的标志和产品]

分享人（期待地）：最后，让我们来看看第三个品牌——Urban Retro（城市复古）。这个品牌深受过去几十年的街头文化影响，他们的设计风格融合了复古元素和现代潮流。他们的服装和配饰经常使用复古色彩、标志性图案和经典款式，为人们带来一种怀旧又时尚的感觉。Urban Retro的设计不仅迎合了复古迷们的口味，更让街头文化的精髓得以延续。

图 9.6　生成更加详细的脚本文案

9.1.3 生成分镜头脚本文案

分镜头脚本文案是用于描述短视频中每一个镜头的内容和细节的文稿。它通常包含标题、场景描述、景别、运镜、台词或对白、道具、节奏和节拍等要素，用户在撰写分镜头脚本文案时可以根据具体的需求安排这些要素。下面将介绍运用 ChatGPT 生成分镜头脚本文案的具体操作方法。

步骤 01 在 ChatGPT 的输入框中输入对话前提，如输入“分镜头脚本文案是什么”，生成的回复如图 9.7 所示，确认 ChatGPT 是否了解分镜头脚本文案。

XB 分镜头脚本文案是什么

分镜头脚本文案是一种编写电影、电视剧或广告等影视作品的脚本格式。它通过将剧本按照场景和镜头进行分割，详细描述每个镜头中的画面、动作、对话和特效等元素，以便导演和摄影师能够准确地理解和实现剧本的意图。

下面是一个简单的分镜头脚本文案的示例：

场景 1：客厅 - 白天

镜头 1：广角镜头，从客厅入口拍摄
描述：一个宽敞的客厅，阳光透过窗户照射进来。墙上挂着一幅画，沙发上放着几本杂志。

镜头 2：中景镜头，聚焦在沙发上的杂志
描述：镜头聚焦在杂志上，可以看到封面上的大标题"时尚潮流"。

镜头 3：特写镜头，展示主角的手翻阅杂志
描述：主角坐在沙发上，他翻阅着杂志，表情专注。

场景 2：咖啡店 - 白天

镜头 4：远景镜头，从窗外拍摄咖啡店外景
描述：一个热闹的咖啡店，人们在窗外走过。咖啡店的招牌写着"咖啡馆"。

镜头 5：中景镜头，主角走进咖啡店
描述：主角推开咖啡店的门，走了进去。

镜头 6：近景镜头，主角点了一杯咖啡
描述：主角站在柜台前，跟店员交谈并点了一杯咖啡。

这只是一个简单的示例，实际上，分镜头脚本文案会更加详细，包括更多的细节描述、摄影角度、摄影机动作、镜头转场等信息，以确保剧组能够准确地理解和实现导演的视觉意图。

图 9.7 ChatGPT 生成的对话前提

步骤 02 为 ChatGPT 设定身份，让其根据身份属性完成任务。例如，输入“你是一名专业的美食博主，正在写一个关于美食探店的脚本，场景发生在一家有百年历史的饭馆里，脚本中需包括当下短视频热门元素，开篇 5s 迅速吸引人的眼球，中间有反转，结尾有惊喜，文案侧重于情绪表达。脚本用表格的形式呈现以下内容：分镜序号、景别（中 / 近 / 远 / 特写等镜头）、画面描述、对话台词（包括人物对话时的动作、语言、神态等，越详细越好）、背景音乐（给出具体的歌曲名称）”，生成的分镜头脚本文案如图 9.8 所示。

你是一名专业的美食博主，正在写一个关于美食探店的脚本，场景发生在一家有百年历史的饭馆里，脚本中需包括当下短视频热门元素，开篇5s迅速吸引人的眼球，中间有反转，结尾有惊喜，文案侧重于情绪表达。脚本用表格的形式呈现以下内容：分镜序号、景别（中/近/远/特写等镜头）、画面描述、对话台词（包括人物对话时的动作、语言、神态等，越详细越好）、背景音乐（给出具体的歌曲名称）

分镜序号	景别	画面描述	对话台词	背景音乐
1	近景特写	美味佳肴的细节特写：香气扑鼻，热气腾腾的鱼香肉丝，色香味俱佳。	无对话	轻快欢快的音乐
2	中景	主人公进入百年老饭馆，饭馆内装饰古朴，历史感十足。	无对话	柔和悠扬的古典音乐
3	近景特写	主人公拿起筷子夹起一口美食，展现微笑满意的神情。	无对话	轻柔的钢琴曲
4	中远景	主人公和老板交流，老板热情地介绍饭馆的历史和特色菜。	老板：欢迎光临！这里有我们家族传承百年的招牌菜，您一定会喜欢。	轻快欢乐的背景音乐
5	近景	主人公拿起餐具，准备品尝美食。	无对话	轻快愉悦的音乐
6	中景	主人公吃完一口，表情突然变得惊讶。	无对话	悬念紧张的背景音乐
7	近景特写	镜头聚焦在主人公的脸上，眼神中透露出难以置信的表情。	无对话	悬疑紧张的音乐
8	中远景	主人公迅速叫起服务员，询问菜品的秘密。	主人公：这道菜为什么这么好吃？告诉我秘诀！	轻快欢乐的背景音乐
9	近景特写	服务员微笑回答主人公的问题，揭开菜品的秘密。	服务员：我们使用了传统的烹饪方法和特殊的秘制调料。	轻柔愉悦的音乐
10	远景	主人公感慨万分，不禁对着镜头分享自己的感受。	主人公：这道菜真是让人回味无穷，我感受到了百年历史的传承和热情。	柔和悠扬的音乐

图 9.8　ChatGPT 生成的分镜头脚本文案

可以看出，ChatGPT 生成的分镜头脚本文案要素都很齐全，也满足了提出的各项要求，但是其对短视频整体内容的意蕴和深度把握得还不够，而且对短视频热门元素了解不多，因此这个分镜头脚本文案仅起到一定的参考作用，具体的运用还需要结合用户的实战经验和短视频文案的类型。

短视频文案因其表达内容和写作手法的不同，表现为不同的类型，如情感共鸣类短视频文案、互动体验类短视频文案、情节叙事类短视频文案、干货分享类短视频文案和影视解说类短视频文案等。用户在运用 ChatGPT 生成短视频文案时，可以结合其类型撰写关键词。

9.1.4　生成短视频的标题文案

扫码看教程

除了策划主题和生成脚本外，ChatGPT 还可以用于生成短视频标题。短视频标题是对短视频主体内容的概括，能够起到突出视频主题、吸引观众观看视频的作用。短视频标题通常会与 tag 标签一起在短视频平台中呈现，如图 9.9 所示。

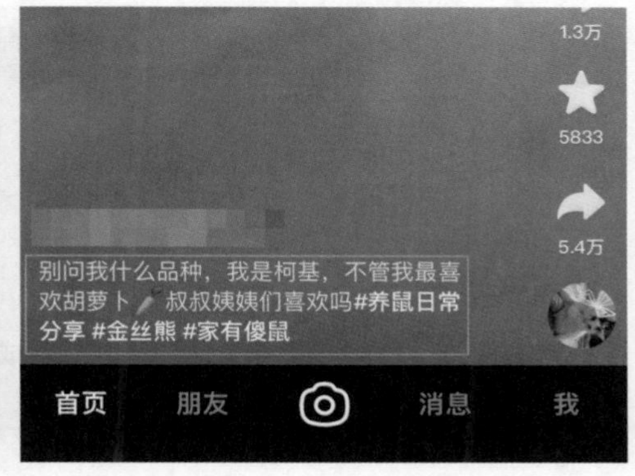

图 9.9　短视频标题的呈现方式示例

因此，用户在运用 ChatGPT 生成短视频标题文案时，需要在关键词中指定连同 tag 标签一起生成。下面将介绍运用 ChatGPT 生成短视频标题文案的具体操作方法。

步骤 01 直接在 ChatGPT 的输入框中输入需求，如输入“提供一个主题为好物分享的短视频标题文案，并添加 tag 标签”，生成的回复如图 9.10 所示。可以看出，ChatGPT 按照要求提供了中规中矩的短视频标题文案参考。

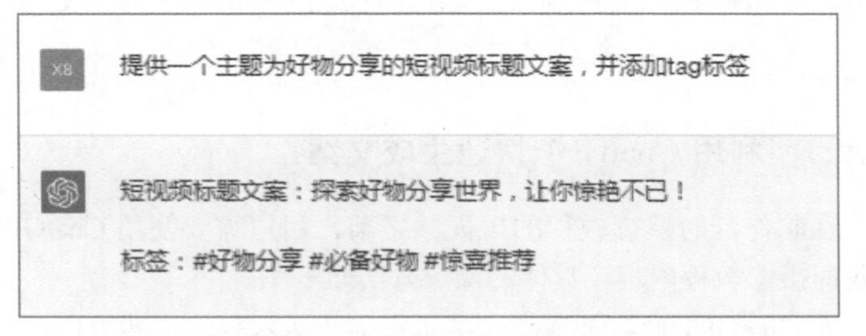

图 9.10　ChatGPT 生成的短视频标题文案

步骤 02 对 ChatGPT 生成的标题文案提出修改要求，在输入框中输入“短视频标题文案的要求：1. 突出受众痛点；2. 能够快速吸引人的眼球并使受众产生观看视频内容的兴趣。根据要求重新提供标题文案”，生成的回复如图 9.11 所示。

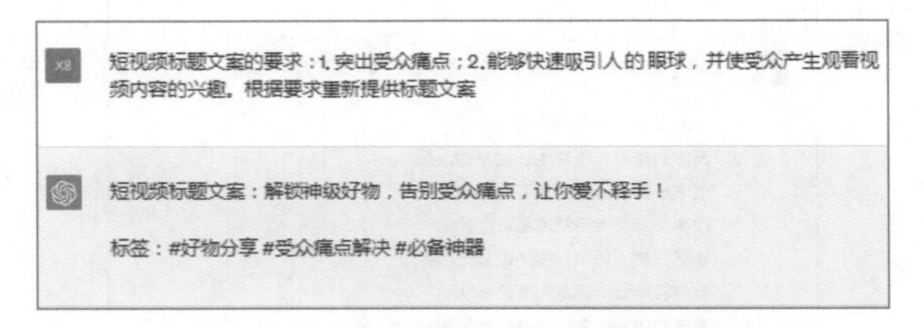

图 9.11　ChatGPT 生成修改后的短视频标题文案

步骤 03 让 ChatGPT 根据某一个短视频平台的特性和受众需求，生成对应的标题文案。例如，输入“抖音上的短视频标题文案通常是‘如果只能给你们推荐一样实用物品，那么我会推荐这个’‘这件物品可以帮你提升做家务的效率’等语言风格。请按照抖音上的文案写法，重新提供一个标题文案”，生成的回复如图 9.12 所示，优化短视频标题文案。

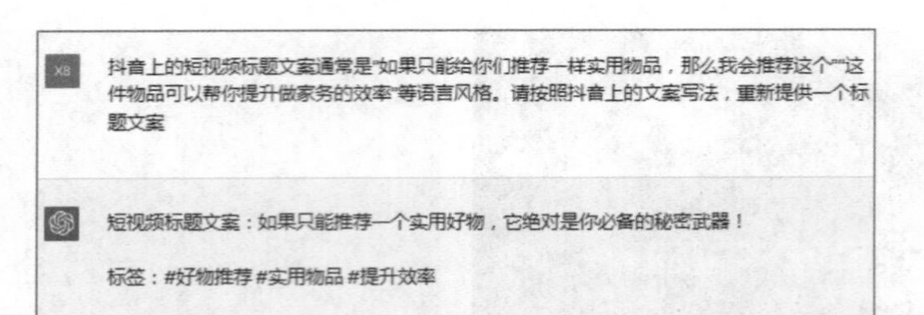

图 9.12　ChatGPT 生成优化的短视频标题文案

9.2　使用 AI 文案生成视频

要想快速制作出一个热门的短视频，就要学会灵活使用 ChatGPT 与剪映这两个工具，用 ChatGPT 快速生成文案，用剪映电脑版的"图文成片"功能快速生成视频，既方便又高效。本节以制作一个延时摄影教程的视频为例，讲解使用 ChatGPT+ 剪映进行图文成片的操作方法。

扫码看教程

9.2.1　利用 ChatGPT 快速生成文案

在制作延时摄影教程的短视频之前，用户需要使用 ChatGPT 快速得到需要的延时摄影教程内容，具体的操作方法如下。

步骤 01 打开 ChatGPT 的聊天窗口，单击底部的输入框，在其中输入"请给我 10 个拍摄延时视频的短视频标题"，单击输入框右侧的 （发送）按钮或按 Enter 键，ChatGPT 即可根据要求生成 10 个有关拍摄延时视频的短视频标题，如图 9.13 所示。

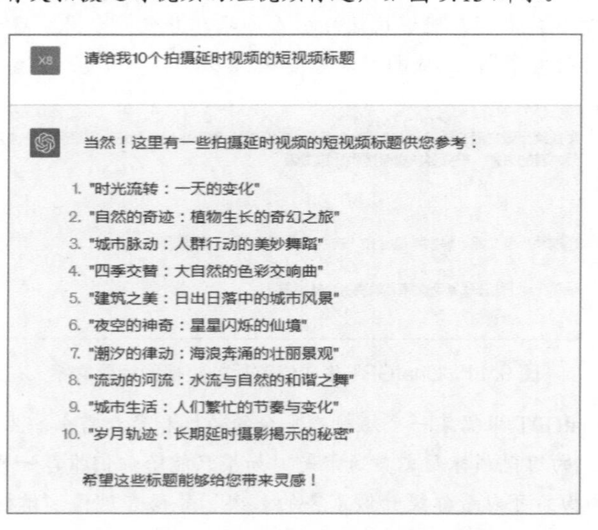

图 9.13　ChatGPT 生成 10 个短视频标题

步骤 02 用户可以选择一个主题，让 ChatGPT 继续生成对应的文案。例如，在下方输入“写一篇关于拍摄车流延时视频的文案，要求文字简短，逻辑清晰，通俗易懂”，然后按 Enter 键，ChatGPT 即可根据该要求生成一篇文案，如图 9.14 所示。

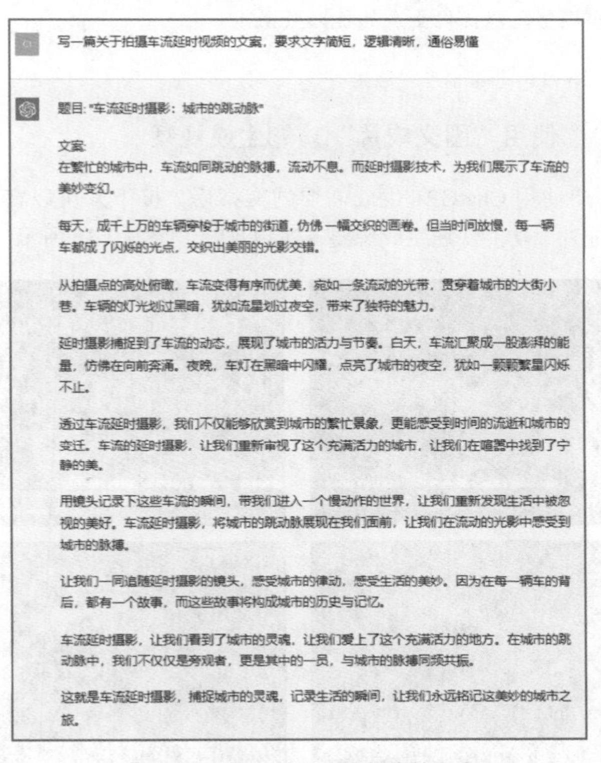

图 9.14　ChatGPT 生成相应的文案

步骤 03 到这里，ChatGPT 的工作就完成了。全选 ChatGPT 生成的文案内容，右击，在弹出的快捷菜单中选择“复制”选项，如图 9.15 所示，复制 ChatGPT 的文案内容并进行适当的修改。

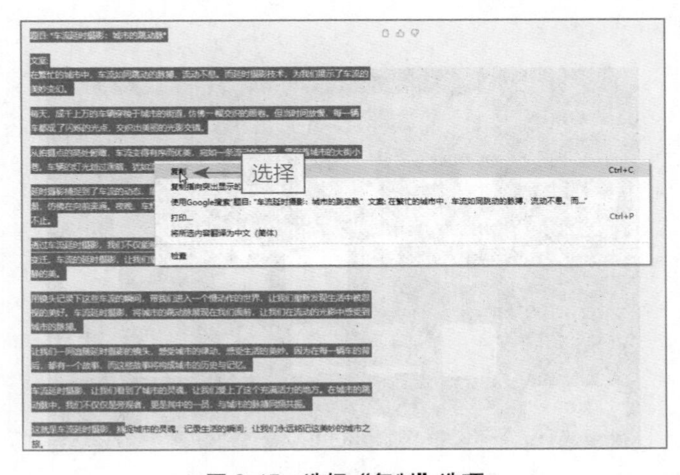

图 9.15　选择“复制”选项

用户可以将ChatGPT生成的文案内容复制并粘贴到一个文档或记事本中，根据需求对文案进行修改和调整，以优化生成的视频效果。

扫码看教程

9.2.2　使用“图文成片”功能生成视频

用户使用ChatGPT生成需要的文案后，接下来可以在剪映电脑版中使用“图文成片”功能快速生成想要的视频效果，如图9.16所示。

图9.16　视频效果展示

下面介绍在剪映电脑版中运用“图文成片”功能生成视频的具体操作方法。

步骤 01 打开剪映电脑版，在首页单击“图文成片”按钮，如图9.17所示，即可弹出“图文成片”面板。

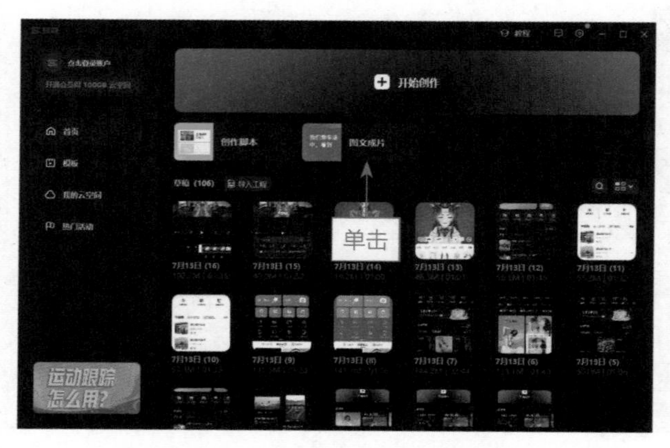

图9.17　单击“图文成片”按钮

步骤 02 打开记事本，全选已修改好的文案内容，选择“编辑”→“复制”命令，如图 9.18 所示。

步骤 03 在“图文成片”面板中输入相应的标题内容，按 Ctrl+V 组合键将复制的内容粘贴到下方的文字窗口中，如图 9.19 所示。

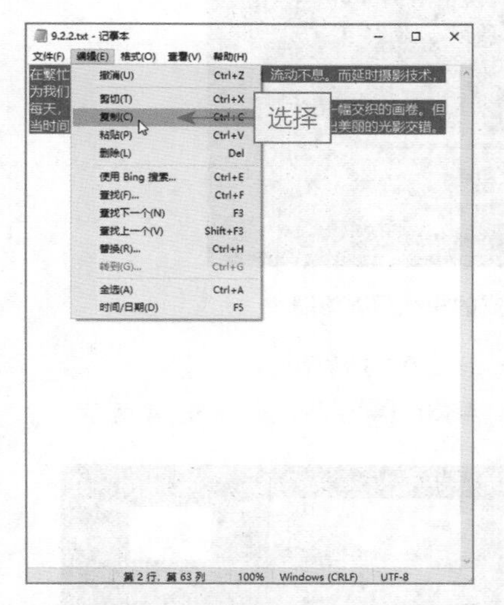

图 9.18 选择“复制”命令

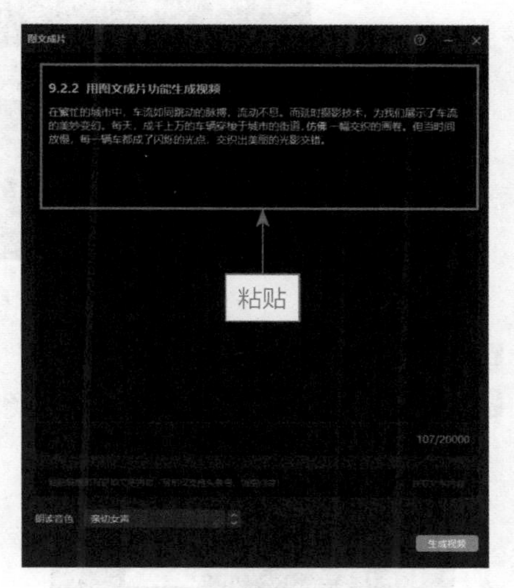

图 9.19 将文案粘贴到文字窗口中

步骤 04 剪映电脑版的“图文成片”功能会自动为视频配音，用户可以选择自己喜欢的音色，如设置“朗读音色”为“阳光男生”，如图 9.20 所示。

步骤 05 单击右下角的“生成视频”按钮，即可开始生成对应的视频并显示视频生成进度，如图 9.21 所示。

图 9.20 设置“朗读音色”为“阳光男生”

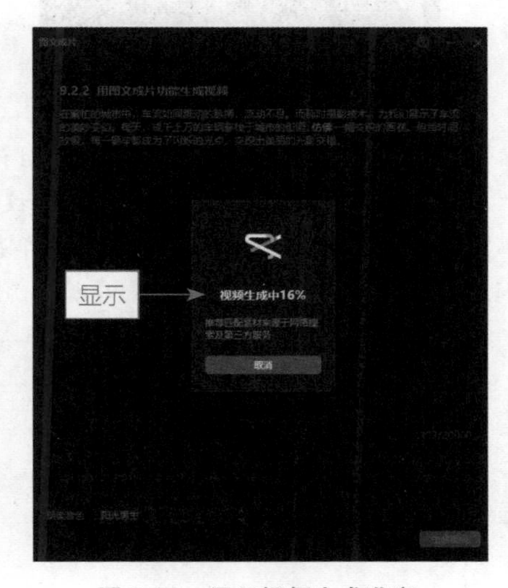

图 9.21 显示视频生成进度

步骤 06 稍等片刻，即可进入剪映电脑版的视频剪辑界面，在视频轨道中可以查看自动生成的短视频缩略图，如图 9.22 所示。选择第 1 段文本，在“文本”操作区中设置一个字体，即可更改视频字幕的字体效果。

图 9.22　查看剪映自动生成的短视频缩略图

步骤 07 在界面的右上角单击“导出”按钮，如图 9.23 所示。

步骤 08 弹出“导出”面板，单击“导出至”右侧的按钮，如图 9.24 所示。

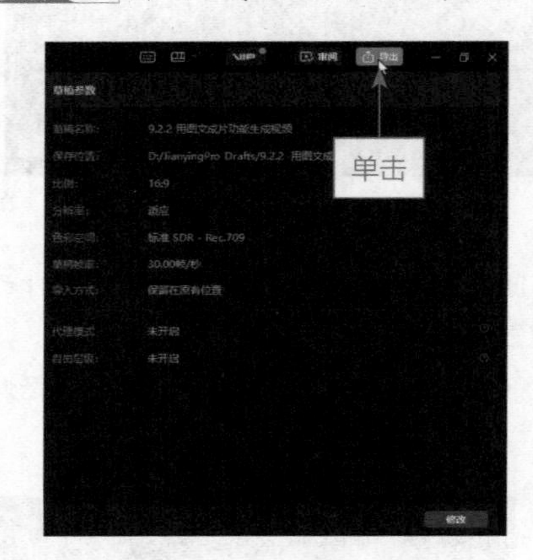

图 9.23　单击“导出”按钮

图 9.24　单击按钮

步骤 09 打开“请选择导出路径”对话框，设置视频的保存位置，如图 9.25 所示，单击“选择文件夹”按钮，返回“导出”面板。

步骤 10 在“视频导出”选项区中单击“分辨率”选项右侧的下拉按钮，在弹出的下拉列表中选择 480P 选项，如图 9.26 所示，降低视频分辨率，减少视频占用的内存。

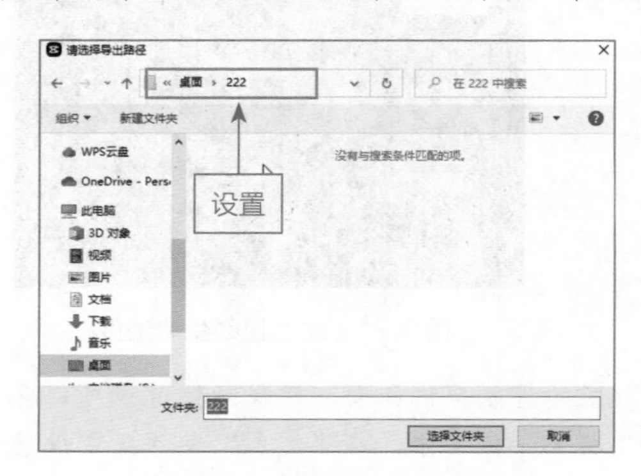

图 9.25　设置视频的保存位置

图 9.26　选择 480P 选项

视频的分辨率越高，占用的内存就越大。因此，用户可以在导出时通过降低视频的分辨率减少视频占用的内存。不过，分辨率太低会导致视频的画面模糊，影响观感，用户要谨慎调整视频的分辨率。

步骤 11 单击“导出”按钮，即可开始导出视频并显示导出进度，如图 9.27 所示。导出完成后，即可在设置的导出路径文件夹中查看视频。

图 9.27 显示视频导出进度

本章小结

本章首先向读者介绍了利用 ChatGPT 生成脚本文案的几种技巧，然后讲解了利用 AI 脚本文案制作短视频的操作流程。通过对本章的学习，读者将对生成 AI 视频的操作方法更加熟练。

课后习题

鉴于本章知识的重要性，为了帮助读者更好地掌握所学知识，下面将通过课后习题，帮助读者进行简单的知识回顾和补充。

1. 使用“图文成片”功能生成一段以“母亲节”为主题的 AI 视频。
2. 尝试使用“图片玩法”功能为真实人物制作变身视频。

AI 视频创作：用图片生成视频

第 10 章

本章要点

随着潮流的更迭，手机中的剪辑 App 功能也越来越强大，各种 App 在不断更新与完善，已经能支持分割、变速、定格、倒放、裁剪、镜像、替换以及美颜美体等多种专业的剪辑功能。本章将以剪映、必剪、快影这 3 款手机剪辑 App 为例，为大家介绍通过图片生成 AI 视频的具体操作方法。

10.1 剪映 App：使用“图文成片”功能生成 AI 视频

本节以制作一个以音乐与人类互相陪伴为主题的短视频为例，讲解 AI 从文案到图片，再到使用剪映 App 的“图文成片”功能生成视频的制作方法，读者须熟练掌握本节内容。

10.1.1 视频效果展示

当读者在剪映 App 中使用“图文成片”功能生成视频时，可以选择视频的生成方式，如使用本地素材进行生成，这样就能获得特别的视频效果。本节主要向读者介绍通过 ChatGPT、Midjourney 和剪映 App 快速生成一段人类与音乐相伴的短视频的方法，效果如图 10.1 所示。

图 10.1 生成的 AI 短视频效果

10.1.2 使用 ChatGPT 生成文案

在制作视频前，需要向 ChatGPT 描述画面主体，告诉 AI 我们需要一个什么样的东西，要把画面的主体内容讲清楚。本次要创作几张人类与不同乐器互相陪伴的图片，可以先借助 ChatGPT 生成关键词，然后通过 Midjourney 进行绘画，具体的操作方法如下。

扫码看教程

步骤 01 在 ChatGPT 中输入“你是一名 AI 绘画师，请帮我简单写 5 个描述人类与不同乐器互相陪伴的画面的关键词，20 字左右，画面描述要具体一点，充满细节”，ChatGPT

的回答如图 10.2 所示。

步骤 02 在 ChatGPT 中继续输入“全部翻译成英文”，ChatGPT 会将关键词翻译成英文，如图 10.3 所示。

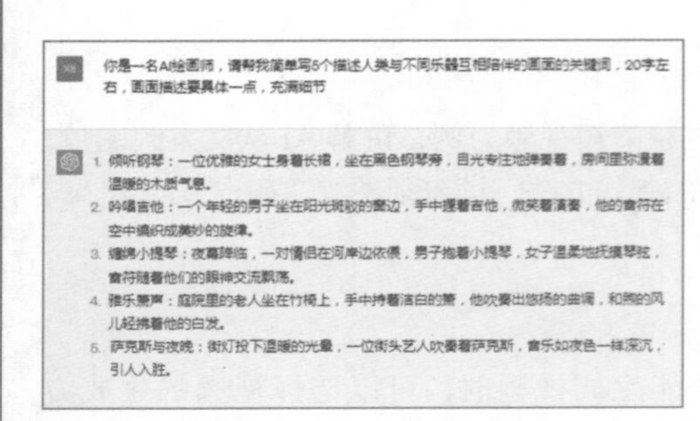

图 10.2　使用 ChatGPT 生成关键词

图 10.3　将关键词翻译成英文

10.1.3　使用 Midjourney 绘制图片

扫码看教程

在 ChatGPT 中生成相应的文案关键词后，挑选 4 段合适的关键词，接下来可以在 Midjourney 中绘制出需要的图片效果，具体的操作方法如下。

步骤 01 在 Midjourney 中通过 imagine 指令输入 ChatGPT 提供的第一段关键词 An elegant lady dressed in a long gown sits by a black piano, playing with focused eyes. The room is filled with the warm scent of wood（大意为“一位优雅的女士身着长裙，坐在黑色钢琴旁，目光专注地弹奏着。房间里弥漫着温暖的木质气息”），按 Enter 键确认，将生成 4 张对应的图片，单击 U4 按钮，如图 10.4 所示，放大第 4 张图片。

步骤 02 复制 ChatGPT 提供的第 2 段关键词 A young man sits by a sunlit window, holding a guitar in his hands. He smiles as he strums, creating beautiful melodies that fill the air（大意为“一个年轻男子坐在阳光斑驳的窗边，手中握着吉他，微笑着演奏，音符在空中编织成美妙的旋律”），通过 imagine 指令粘贴关键词，按 Enter 键确认，将生成 4 张对应的图片，单击 U4 按钮，如图 10.5 所示，放大第 4 张图片。

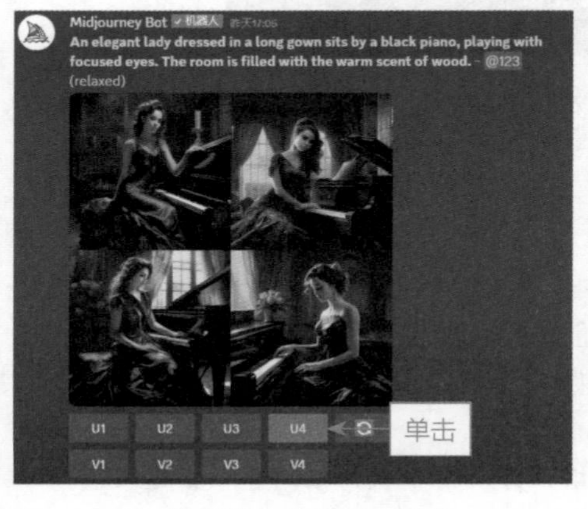

图 10.4　单击 U4 按钮

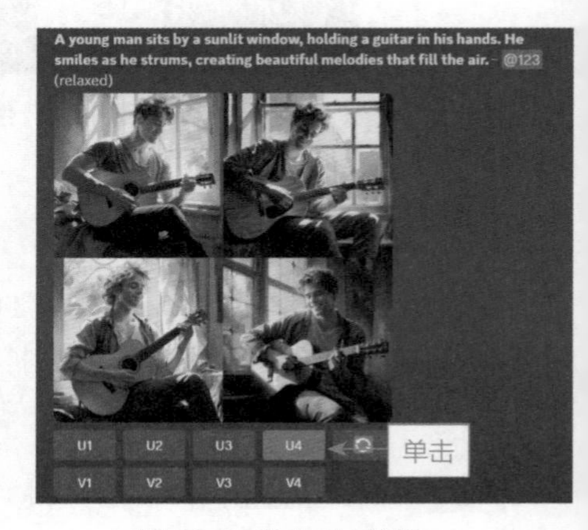

图 10.5　单击 U4 按钮

步骤 03 复制ChatGPT提供的第3段关键词As night falls, a couple embraces by the riverside. The man cradles a violin, and the woman gently touches the strings, their gaze filled with communication as the notes float in the air（大意为“夜幕降临，一对情侣在河岸边依偎。男子抱着小提琴，女子温柔地抚摸琴弦，音符随着他们的眼神交流飘荡”），通过imagine指令粘贴关键词，按Enter键确认，Midjourney将生成4张对应的图片，单击U1按钮，如图10.6所示，放大第1张图片。

步骤 04 使用同样的操作方法，使用Midjourney生成4张对应的图片，单击U2按钮，如图10.7所示，放大第2张图片。

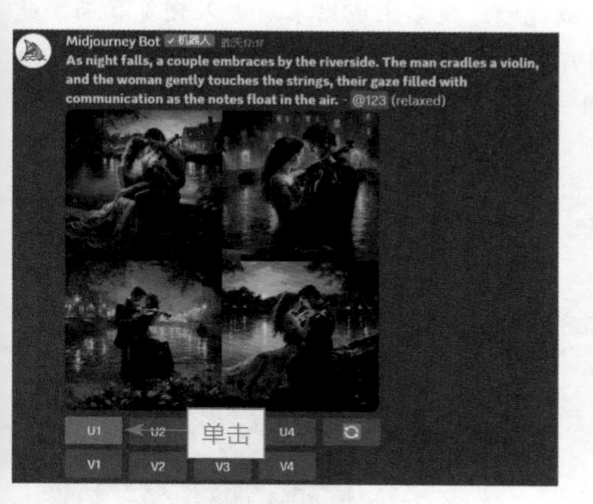

图10.6 单击U1按钮

图10.7 单击U2按钮

步骤 05 在放大后的照片缩略图上单击，弹出照片窗口，单击下方的“在浏览器中打开”链接，打开浏览器，预览生成的大图效果，如图10.8所示。依次在图片上右击，在弹出的快捷菜单中选择“图片另存为”选项，将图片保存到计算机中，方便后面制作视频时作为素材使用。

图10.8 预览生成的大图效果

10.1.4 使用“图文成片”功能生成自己的视频

扫码看教程

下面介绍在剪映App中使用“图文成片”功能生成自己的视频的具体操作方法。

步骤 01 打开剪映App，在“剪辑”界面点击“图文成片”按钮，如图10.9所示。

步骤 02 执行操作后，进入“图文成片”界面，输入视频文案，在“请选择视频生成方式”选项区中选择“使用本地素材”选项，如图10.10所示。

步骤 03 点击“生成视频”按钮，开始生成视频。视频生成结束后进入预览界面，此时的视频只是一个框架，用户需要将自己的图片素材填充进去。点击视频轨道中的第1个“添加素材”按钮，进入相应界面，在“最近项目”→“照片”选项卡中选择相应的图片即可完成素材的填充，效果如图10.11所示。使用同样的方法填充其他素材。

图10.9 点击“图文成片”按钮

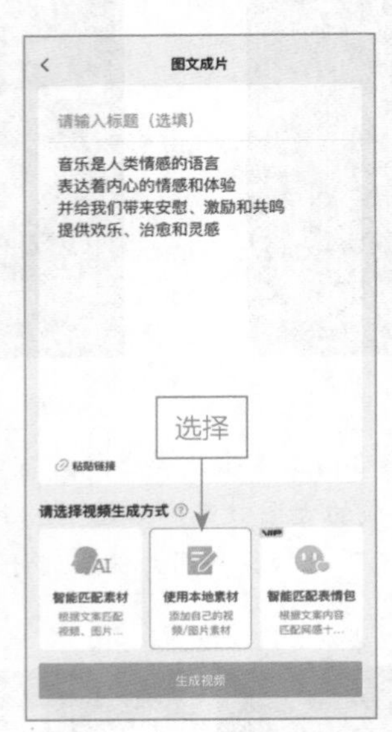

图10.10 选择“使用本地素材”选项

图10.11 素材填充效果

步骤 04 点击☒按钮退出界面，在工具栏中点击“比例”按钮，如图10.12所示。

步骤 05 弹出“比例”面板，选择9∶16选项，如图10.13所示，更改视频的比例。

步骤 06 由于使用“图文成片”功能生成的视频带有随机性，因此用户可以通过进一步的剪辑优化视频效果。点击界面右上角的“导入剪辑”按钮，进入剪辑界面，拖曳时间轴至相应位置，选择第1段朗读音频，在工具栏中点击“分割”按钮，如图10.14所示，即可将其分割成2段。

步骤 07 在相同的位置选择第1段视频素材，在工具栏中点击“分割”按钮，如图10.15所示，将其分割成2段。

步骤 08 由于分割后的素材画面是一样的，因此用户可以对重复的素材进行替换，选择第2段视频素材，在工具栏中点击“替换”按钮，如图10.16所示。

步骤 09 进入“最近项目”界面，选择相应的图片即可进行替换，效果如图10.17所示。

图 10.12　点击“比例”按钮

图 10.13　选择 9：16 选项

图 10.14　点击“分割”按钮（1）

图 10.15　点击“分割”按钮（2）

图 10.16　点击“替换”按钮

图 10.17　素材替换效果

步骤 10 返回到主界面，在工具栏中点击“背景”按钮，如图 10.18 所示。

步骤 11 进入背景工具栏，点击“画布模糊”按钮，如图 10.19 所示。

步骤 12 弹出“画布模糊”面板，选择第 2 个模糊效果，点击“全局应用”按钮，如图 10.20 所示，即可为整个视频添加“画布模糊”效果。

步骤 13 选择第 1 段文本，在第 2 段素材的起始位置对其进行分割，选择分割出的前半段文本，在工具栏中点击“编辑”按钮，进入文字编辑面板，修改文本内容，如图 10.21 所示。

步骤 14 使用同样的方法在适当位置对文本进行分割并调整文本的内容，点击界面右上角的“导出”按钮，如图 10.22 所示，即可将视频导出。

图 10.18　点击“背景”按钮

图 10.19　点击“画布模糊”按钮

图 10.20　点击“全局应用”按钮

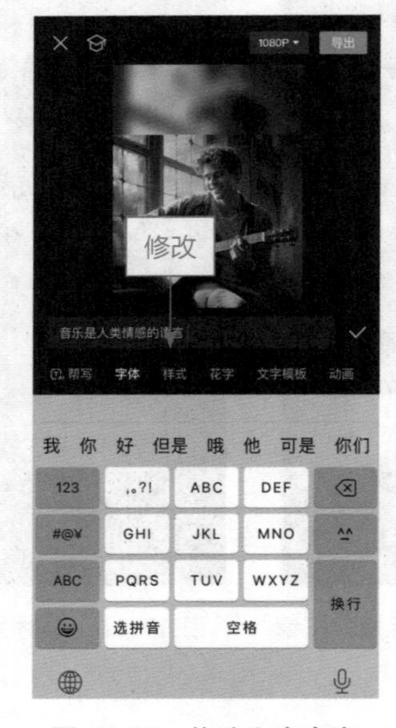

图 10.21　修改文本内容

图 10.22　点击“导出”按钮

即便是同样的文本内容，使用“图文成片”功能生成的视频也可能不一样，因此用户需要根据视频的实际情况选择性地进行调整和剪辑。

10.2 使用剪映 App 制作视频的多种方式

除了可以使用“图文成片”功能快速生成视频外，用户还可以使用“一键成片”功能为素材套用模板，从而生成美观的视频效果。另外，还可以使用“图片玩法”功能为自己的照片添加 AI 特效。本节将重点介绍剪映 App 的这两种功能。

10.2.1 使用“一键成片”功能生成视频

扫码看教程

在使用“一键成片”功能生成视频时，用户只需选择要生成视频的图片素材，再选择一个喜欢的模板即可，效果如图 10.23 所示。

图 10.23 效果展示

下面介绍在剪映 App 中使用“一键成片”功能快速套用模板的具体操作方法。

步骤 01 在“剪辑”界面中点击“一键成片”按钮，如图 10.24 所示。

步骤 02 执行操作后，进入“最近项目”界面，选择 5 张图片素材，点击“下一步”按钮，如图 10.25 所示，即可开始生成视频。

步骤 03 稍等片刻后，进入“编辑”界面，系统自动选择并播放套用第 1 个模板的效果，用户也可以更改模板。例如，在“夏日”选项卡中选择自己喜欢的模板，即可更改套用的模板并播放视频效果，如图 10.26 所示。

步骤 04 点击右上角的“导出”按钮，在弹出的“导出设置”面板中点击“无水印保存并分享”按钮，如图 10.27 所示，即可将生成的视频导出。

图 10.24 点击“一键成片”按钮

图 10.25 点击“下一步”按钮

图 10.26 播放视频效果

图 10.27 点击“无水印保存并分享”按钮

扫码看教程

10.2.2 使用“图片玩法”功能制作视频

剪映 App 中的“图片玩法”功能可以为图片添加不同的趣味玩法，如将真人变成漫画人物，效果如图 10.28 所示。

图 10.28 效果展示

下面介绍在剪映 App 中使用“图片玩法”功能制作变身视频的具体操作方法。

步骤 01 在剪映 App 中导入一张图片素材，选择素材，在工具栏中连续两次点击“复制”按钮，如图 10.29 所示，将图片素材复制两份。

步骤 02 拖曳时间轴至视频起始位置，依次点击“音频”按钮和“音乐”按钮，在“音乐”界面中选择“国风”选项，如图 10.30 所示。

步骤 03 进入“国风”界面，点击相应音乐右侧的“使用”按钮，如图 10.31 所示，将音乐添加到音频轨道中。

图 10.29　点击两次“复制”按钮

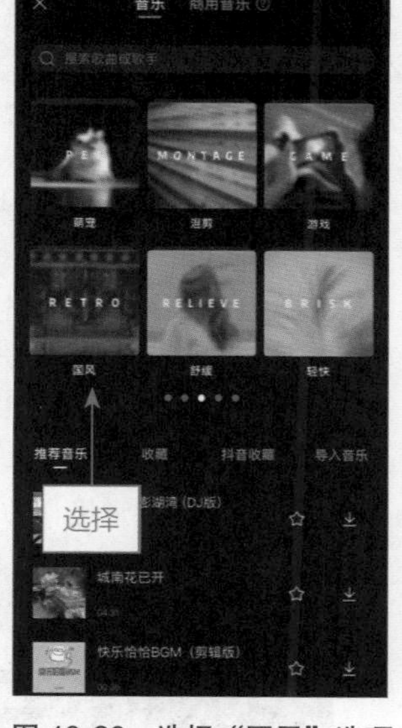

图 10.30　选择“国风”选项

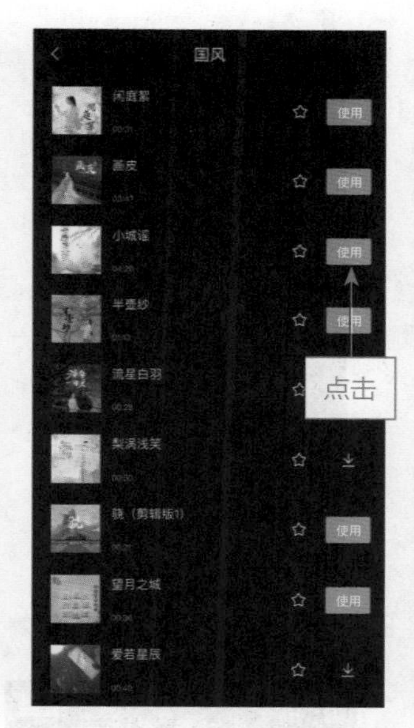

图 10.31　点击“使用”按钮

步骤 04 在相应的位置对音频进行分割，选择分割出的前半段素材，点击“删除”按钮，如图 10.32 所示，将音频前面空白的部分删除并调整音频的位置。

步骤 05 调整 3 段素材的时长，使第 1～3 段的素材时长分别为 1.6s、1.8s 和 3.0s，根据视频的时长调整音频的时长，如图 10.33 所示。

步骤 06 点击第 1 段和第 2 段素材中间的 I 按钮，弹出“转场”面板，在“光效”选项卡中选择“炫光”转场效果，点击“全局应用”按钮，如图 10.34 所示，将转场效果应用到所有素材之间。

图 10.32　点击“删除”按钮

图 10.33　调整音频的时长

图 10.34　点击“全局应用”按钮

图 10.35　选择“变清晰”特效

步骤 07　拖曳时间轴至视频起始位置，返回主界面，依次点击“特效”按钮和“画面特效”按钮，在“基础”选项卡中选择“变清晰”特效，如图 10.35 所示，为第 1 段素材添加特效。

步骤 08　拖曳时间轴至第 2 段素材的位置，在特效工具栏中点击“图片玩法”按钮，如图 10.36 所示。

步骤 09　弹出“图片玩法”面板，在“AI 绘画”选项卡中选择“春节”玩法，如图 10.37 所示，即可为第 2 段素材添加相应的玩法，让图片中的人物变身成穿戴着春节相关配饰的少女。

步骤 10　使用同样的方法为第 3 段素材添加“AI 绘画”选项卡中的“日系”玩法，如图 10.38 所示，让图片中的人物变成日系漫画中的元气少女，即可完成变身视频的制作。

图 10.36　点击“图片玩法”按钮

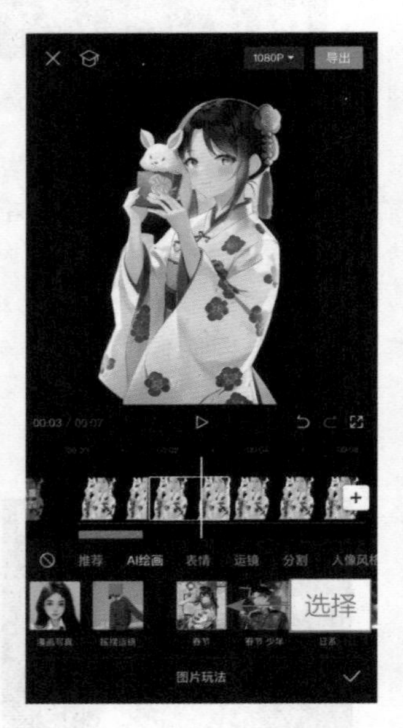

图 10.37　选择“春节”玩法

图 10.38　选择“日系”玩法

10.3　必剪 App：导入图片包装成片

必剪 App 功能全面，既有基础的剪辑工具能满足用户的使用需求，又有实用的特色功能可以自动生成好看的视频效果。

本节主要介绍使用必剪 App 的“一键大片”功能和“模板”功能将图片包装成视频的具体操作方法。

10.3.1 使用“一键大片”功能生成视频

扫码看教程

必剪 App 的“一键大片”功能可以快速将图片包装成视频，用户只需选择喜欢的模板即可，效果如图 10.39 所示。

图 10.39 效果展示

下面介绍在必剪 App 中使用“一键大片”功能生成视频的具体操作方法。

步骤 01 在必剪 App 中导入 3 张图片素材，在工具栏中点击“一键大片”按钮，如图 10.40 所示。

步骤 02 弹出“一键大片”面板，在 VLOG 选项卡中选择“旅行大片”选项，如图 10.41 所示，即可将图片素材包装成视频。

图 10.40 点击“一键大片”按钮

图 10.41 选择“旅行大片”选项

温馨提示

VLOG 的英文全称为 video blog 或 video log，意为视频记录、视频博客、视频网络日志。

第10章 AI视频创作：用图片生成视频

用户可以根据素材的内容在“一键大片”面板中选择相应的模板。视频包装完成后，用户还可以手动进行调整，以优化视频效果。

扫码看教程

10.3.2 使用模板生成卡点视频

在必剪 App 中，“模板”界面的不同选项卡中都展示了许多模板，通过这些模板，用户可以生成想要的卡点视频，效果如图 10.42 所示。

图 10.42 效果展示

下面介绍在必剪 App 中使用模板生成卡点视频的具体操作方法。

步骤 01 在必剪 App 中切换至“模板”界面，在搜索栏中输入关键词进行搜索，选择相应的视频模板，如图 10.43 所示。

步骤 02 进入模板预览界面，点击“剪同款”按钮，如图 10.44 所示。

图 10.43 选择相应的视频模板

图 10.44 点击“剪同款”按钮

步骤 03 进入“最近项目”界面，选择相应的图片素材，点击“下一步”按钮，如图 10.45 所示。

步骤 04 稍等片刻，即可生成视频并预览效果。点击“导出”按钮，如图 10.46 所示，将生成的视频导出。

图 10.45 点击“下一步”按钮

图 10.46 点击“导出”按钮

10.3.3 使用模板生成变身视频

扫码看教程

“模板”界面的不同选项卡中展示的模板除了可以生成卡点视频外，还可以生成想要的变身视频，效果如图 10.47 所示。

图 10.47 效果展示

下面介绍在必剪 App 中使用模板生成变身视频的具体操作方法。

步骤 01 在“模板”界面的搜索框中输入模板关键词，点击“搜索”按钮，在搜索结果中选择相应的视频模板，如图 10.48 所示。

步骤 02 进入模板预览界面查看效果，点击“剪同款”按钮，如图 10.49 所示。

图 10.48 选择相应的视频模板

图 10.49 点击“剪同款”按钮

步骤 03 进入“最近项目”界面，连续两次选择同一张图片素材，点击“下一步”按钮，如图 10.50 所示，即可开始生成视频。

步骤 04 视频生成完成后，跳转至相应的界面预览视频效果，确认无误后，点击“导出”按钮，如图 10.51 所示，将生成的视频导出。

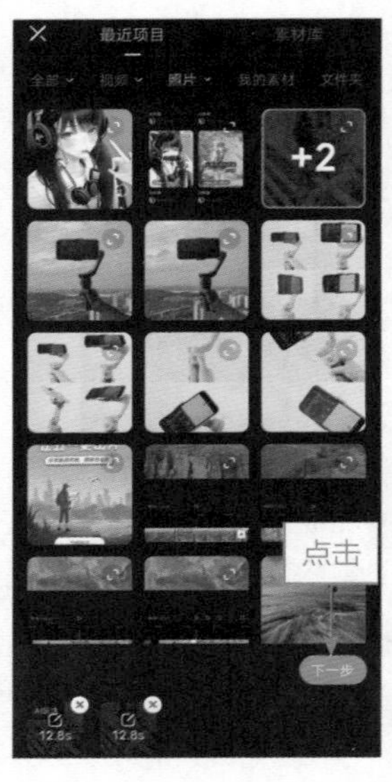

图 10.50 点击“下一步”按钮

图 10.51 点击“导出”按钮

10.4 快影 App：图片玩法与一键出片

快影 App 的“图片玩法”功能可以为图片添加 AI 绘画效果，让图片变成美观、独特的视频效果。另外，使用“一键出片”功能可以为准备好的图片素材快速套用模板，从而轻松生成视频，本节将介绍这两种功能的使用方法。

10.4.1 使用“图片玩法”功能生成变身视频

扫码看教程

快影 App 的“图片玩法”功能支持多种风格的 AI 绘画效果，用户可以随意选择。另外，为了让视频更完整，用户还可以使用其他功能制作前后变身的反差效果，如图 10.52 所示。

图 10.52 效果展示

下面介绍在快影 App 中使用“图片玩法”功能生成变身视频的具体操作方法。

步骤 01 打开快影 App，进入“剪辑”界面，在界面中点击“开始剪辑”按钮，如图 10.53 所示。

步骤 02 执行操作后，进入“最近项目”界面，在“全部”选项卡中选择相应的图片素材，如图 10.54 所示。

步骤 03 点击“选好了”按钮，将素材导入视频轨道。选择素材，在工具栏中点击“复制”按钮，如图 10.55 所示，将图片素材复制一份。

步骤 04 选择第 1 段素材，向右拖曳素材右侧的白色拉杆，将其时长调整为 4.0s，如图 10.56 所示。

步骤 05 拖曳时间轴至视频起始位置，点击“添加音频”按钮，如图 10.57 所示。

步骤 06 进入“音乐库”界面，在“所有分类”选项区中选择“国风古风”选项，如图 10.58 所示。

图 10.53　点击“开始剪辑”按钮

图 10.54　选择图片素材

图 10.55　点击“复制”按钮

图 10.56　调整素材时长

图 10.57　点击“添加音频”按钮

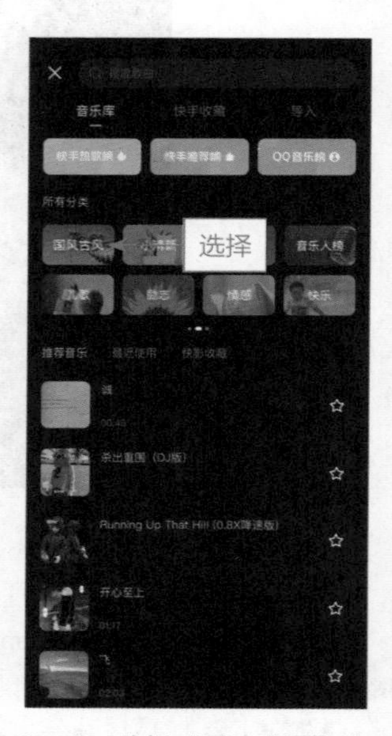

图 10.58　选择“国风古风”选项

步骤 07 执行操作后，进入“热门分类”界面的“国风古风”选项卡，选择相应的音乐。拖曳时间轴，选取合适的音频起始位置，点击“使用”按钮，如图 10.59 所示，即可将音乐添加到音频轨道中，并自动根据视频时长调整音乐的时长。

步骤 08 在工具栏中点击“特效”按钮，如图 10.60 所示。

步骤 09 进入特效工具栏，点击“画面特效”按钮，如图 10.61 所示。

图 10.59 点击“使用”按钮

图 10.60 点击“特效”按钮

图 10.61 点击“画面特效”按钮

步骤 10 进入特效素材库，在“基础”选项卡中选择“圆形开幕”特效，如图 10.62 所示，即可为第 1 段素材添加一个开幕特效。

步骤 11 拖曳时间轴至第 2 段素材的起始位置，在特效工具栏中点击“图片玩法”按钮，如图 10.63 所示。

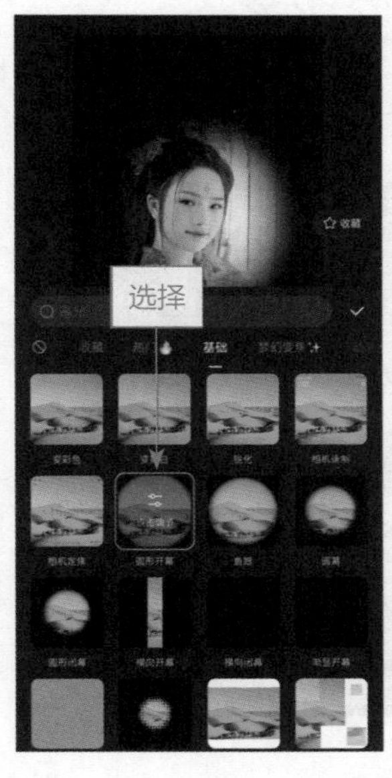

图 10.62 选择“圆形开幕”特效

图 10.63 点击“图片玩法”按钮

步骤 12 弹出“图片玩法”面板，在“AI 玩法”选项卡中选择“AI 春日”玩法，如图 10.64 所示，即可为第 2 段素材添加 AI 绘画效果。

步骤 13 点击界面右上角的"做好了"按钮，在弹出的"导出选项"面板中点击⬇（保存）按钮，如图 10.65 所示，即可将视频保存到手机相册中。

图 10.64 选择"AI 春日"玩法

图 10.65 点击⬇按钮

扫码看教程

10.4.2 使用"一键出片"功能生成美食视频

快影 App 的"一键出片"功能会根据用户提供的素材智能匹配模板，用户在提供的模板中选择喜欢的即可，效果如图 10.66 所示。

图 10.66 效果展示

下面介绍在快影 App 中使用"一键出片"功能生成美食视频的具体操作方法。

步骤 01 在"剪辑"界面中点击"一键出片"按钮，如图 10.67 所示。

步骤 02 进入"最近项目"界面，在"照片"选项卡中选择相应的素材，点击"一键出片"按钮，如图 10.68 所示。

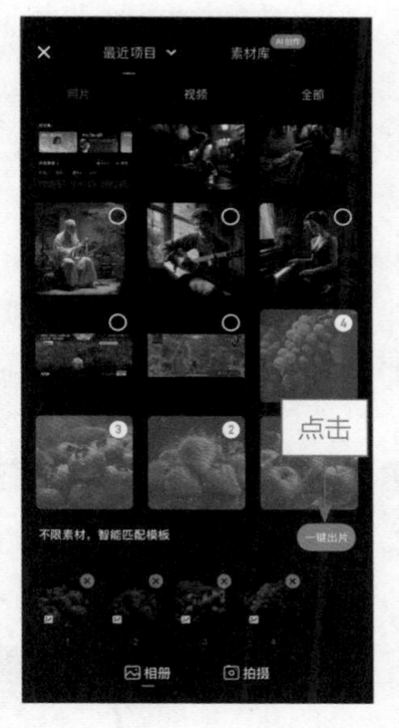

图 10.67　点击“一键出片”按钮（1）　　　图 10.68　点击“一键出片”按钮（2）

步骤 03 执行操作后，即可开始智能生成视频。稍等片刻，进入相应界面，预览套用模板后生成的视频效果，用户可以在“模板”选项卡中选择喜欢的模板，如在“大片”选项卡中选择一个美食视频模板，如图 10.69 所示，即可预览视频效果。

步骤 04 点击界面右上角的“做好了”按钮，在弹出的“导出选项”面板中点击“无水印导出并分享”按钮，如图 10.70 所示，即可导出无水印的视频。

图 10.69　选择美食视频模板

图 10.70　点击“无水印导出并分享”按钮

10.5 快影 App：AI 玩法、音乐 MV 与剪同款

在快影 App 的“剪同款”界面中可以为图片添加 AI 玩法，制作出酷炫的视频效果；还可以使用“音乐 MV”功能将图片和歌曲制作成一个音乐歌词视频；也可以选择喜欢的模板，为图片素材套用，从而生成视频。本节将介绍这三种功能的使用方法。

扫码看教程

10.5.1 添加“AI 瞬息宇宙”玩法生成酷炫视频

通过“剪同款”界面的“AI 玩法”功能为图片添加“AI 瞬息宇宙”玩法，快速生成酷炫的视频效果，如图 10.71 所示。

图 10.71 效果展示

下面介绍在快影 App 中添加“AI 瞬息宇宙”玩法生成酷炫视频的具体操作方法。

步骤 01 在“剪同款”界面中点击“AI 玩法”按钮，如图 10.72 所示。

步骤 02 进入“AI 玩法”界面，在“AI 瞬息宇宙”玩法预览图中点击“导入图片变身”按钮，如图 10.73 所示。

图 10.72 点击“AI 玩法”按钮

图 10.73 点击“导入图片变身”按钮

步骤 03 进入“最近项目”界面，选择合适的图片，点击“选好了”按钮，如图 10.74 所示。

步骤 04 执行操作后，即可开始生成视频，用户可以在下方推荐的视频模板中选择喜欢的模板并预览视频效果，如图 10.75 所示。如果对视频感到满意，点击下方的相应按钮进行保存即可将成品视频导出。

图 10.74 点击“选好了”按钮

图 10.75 选择喜欢的视频模板

10.5.2 使用“音乐 MV”功能生成视频

扫码看教程

“音乐 MV”功能可以让用户选择喜欢的 MV 模板、歌曲、歌词段落和图片素材，从而生成专属的歌词 MV 视频，效果如图 10.76 所示。

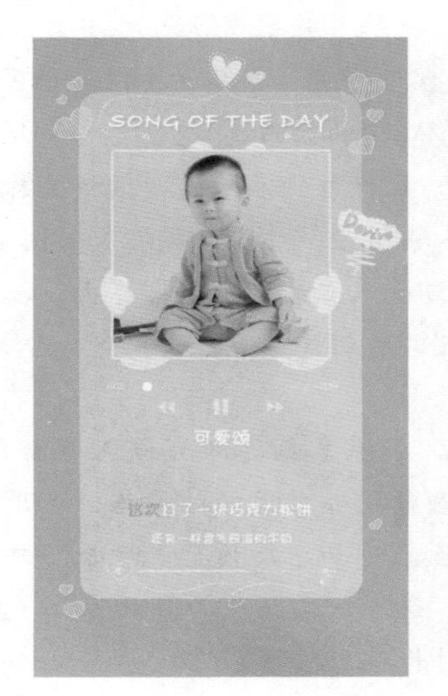

图 10.76 效果展示

下面介绍在快影 App 中使用“音乐 MV”功能生成视频的具体操作方法。

步骤 01 打开快影 App，切换至“剪同款”界面，点击“音乐 MV”按钮，如图 10.77 所示。

步骤 02 执行操作后，进入模板选择界面，在界面的下方提供了四种不同风格的音乐 MV 模板类型。用户根据喜好选择相应模板后，还可以更换 MV 的音乐，点击模板预览区中的“换音乐”按钮，如图 10.78 所示。

步骤 03 执行操作后，进入“音乐库”界面，在“所有分类”选项区中选择“儿歌”选项，如图 10.79 所示。

图 10.77 点击“音乐 MV”按钮

图 10.78 点击“换音乐”按钮

图 10.79 选择“儿歌”选项

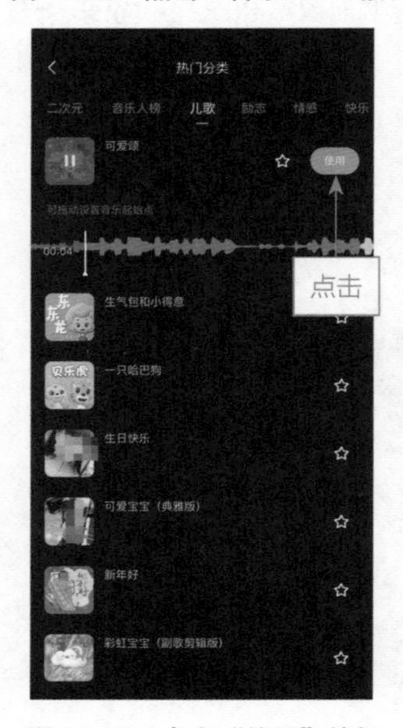

图 10.80 点击“使用”按钮

步骤 04 执行操作后，进入“热门分类”界面的“儿歌”选项卡，选择相应的音乐并拖曳时间轴，选取合适的音频起始位置。点击“使用”按钮，如图 10.80 所示，即可更换音乐 MV 中的歌曲。

步骤 05 执行操作后，返回模板选择界面，点击界面下方的“导入素材 生成 MV”按钮，如图 10.81 所示。

步骤 06 进入“最近项目”界面，在“全部”选项卡中选择 3 张照片素材，然后点击“完成”按钮，如图 10.82 所示。

步骤 07 稍等片刻，即可进入模板编辑界面，用户可以预览视频效果并对视频的风格、音乐、时长、画面和歌词进行设置。例如，切换至“时长”选项卡，拖曳两侧的白色拉杆，选择一段合适的音频时长，如图 10.83 所示，缩短视频的时长。

图 10.81　点击“导入素材生成 MV”按钮

图 10.82　点击“完成”按钮

图 10.83　调整音频时长

步骤 08 切换至“歌词”选项卡，选择一个合适的字体，如图 10.84 所示，即可修改视频中歌词字幕的字体。

步骤 09 点击界面右上角的“做好了”按钮，在弹出的“导出选项”面板中点击按钮，如图 10.85 所示。

步骤 10 执行操作后，即可开始导出视频并显示导出进度，如图 10.86 所示。

图 10.84　选择合适的字体

图 10.85　点击按钮

图 10.86　显示导出进度

扫码看教程

10.5.3 使用“剪同款”功能生成卡点视频

快影 App 中的“剪同款”功能为用户推荐了许多热门的视频模板，用户可以根据喜好选择模板制作同款视频，效果如图 10.87 所示。

图 10.87 效果展示

下面介绍在快影 App 中使用“剪同款”功能生成卡点视频的具体操作方法。

步骤 01 打开快影 App，在“剪同款”界面的“卡点”选项卡中选择喜欢的模板，如图 10.88 所示。

步骤 02 进入模板预览界面，点击“制作同款”按钮，如图 10.89 所示。

图 10.88 选择喜欢的模板

图 10.89 点击“制作同款”按钮

步骤 03 执行操作后，进入“最近项目”界面，选择相应的素材，点击“选好了”按钮，如图 10.90 所示，即可开始生成视频。

步骤 04 稍等片刻，进入模板编辑界面，用户可以对素材、音乐、文字和封面等内容进行编辑，如图 10.91 所示。如果用户对视频效果感到满意，只需点击界面右上角的“做好了”按钮，在弹出的“导出选项”面板中点击“无水印导出并分享”按钮，即可导出无水印的视频。

图 10.90　点击“选好了”按钮

图 10.91　对视频进行编辑

本章小结

本章主要向读者介绍了三款手机剪辑软件生成 AI 视频的相关功能，使用软件中的“一键成片”“图片玩法”和“一键出片”等功能，可以将原有的图片素材制作成视频。通过对本章的学习，读者能够更好地掌握利用图片生成视频的方法。

课后习题

鉴于本章知识的重要性，为了帮助读者更好地掌握所学知识，下面将通过课后习题，帮助读者进行简单的知识回顾和补充。

1. 使用剪映 App 的“图文成片”功能快速生成一段以植物为主题的短视频。
2. 使用快影 App 的“音乐 MV”功能快速生成一段以旅行为主题的短视频。

AI 视频创作：用视频生成视频

第 11 章

本章要点

使用 AI 智能技术，用户可以将自己原有的视频素材通过套用模板的方式，快速生成新的精美的视频效果，这能够让用户在制作视频的过程中节省不少时间。本章主要以剪映电脑版为例，向大家介绍在剪映电脑版中使用“模板”功能和“素材包”功能为视频素材快速套用模板的操作方法。

11.1 使用“模板”功能生成视频

在剪映电脑版中，用户可以在“模板”面板中挑选模板，也可以从视频编辑界面的“模板”功能区的“模板”选项卡中挑选模板，本节将为大家介绍这两种功能的使用方法。

11.1.1 从“模板”面板中挑选模板生成视频

扫码看教程

在“模板”面板中挑选模板时，可以通过设置筛选条件找到需要的模板，提高使用剪映电脑版自动生成视频的效率，效果如图 11.1 所示。

图 11.1 效果展示

下面介绍从“模板”面板中挑选模板生成视频的具体操作方法。

步骤 01 打开剪映电脑版，在首页左侧单击“模板”按钮，如图 11.2 所示。

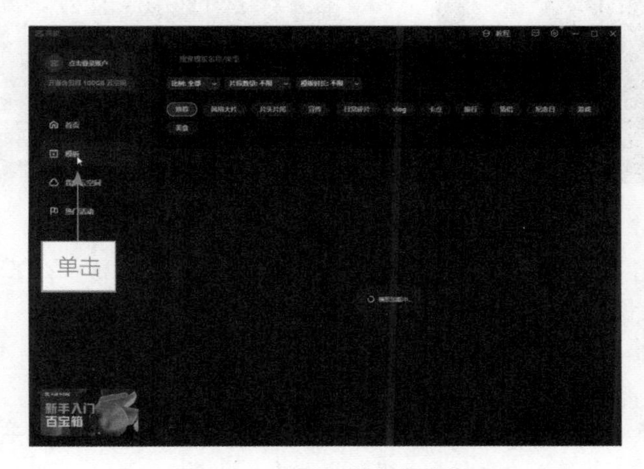

图 11.2 单击“模板”按钮

步骤 02 执行操作后，弹出“模板”面板，单击“比例”选项右侧的下拉按钮，在弹出的下拉列表中选择“竖屏”选项，如图 11.3 所示，筛选竖屏的视频模板。

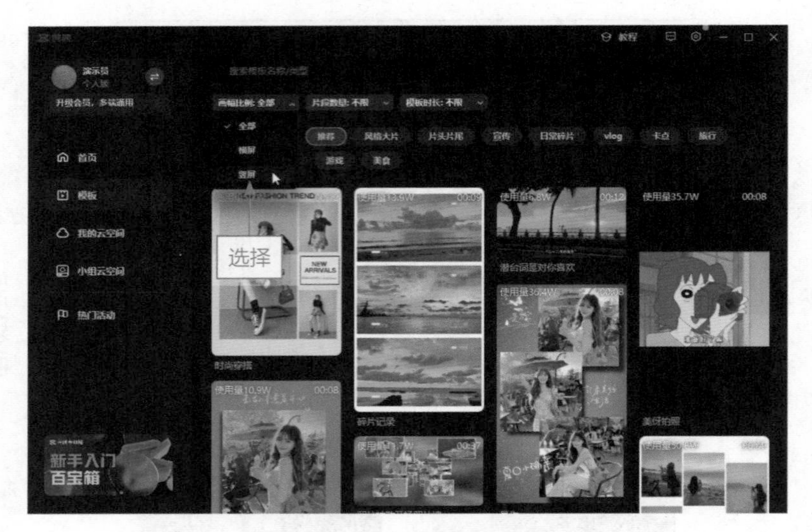

图 11.3 选择“竖屏”选项

步骤 03 设置“片段数量”为 1-3、“模板时长”为 0-15 秒，切换至“日常碎片”选项卡，如图 11.4 所示，从中选择喜欢的视频模板。

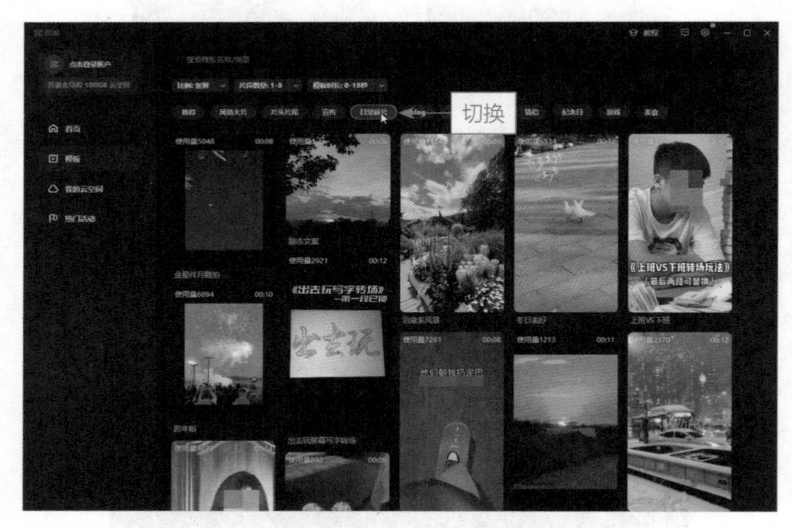

图 11.4 切换至“日常碎片”选项卡

步骤 04 执行操作后，弹出模板预览面板，用户可以预览模板效果，如果觉得满意，可以单击“使用模板”按钮，如图 11.5 所示。

步骤 05 稍等片刻，即可进入模板编辑界面。在视频轨道中单击第 1 段素材缩略图中的 ＋（添加素材）按钮，如图 11.6 所示。

步骤 06 打开“请选择媒体资源”对话框，选择相应的视频素材，单击“打开”按钮，如图 11.7 所示，即可将第 1 段素材导入视频轨道并套用模板效果。

图 11.5 单击“使用模板”按钮

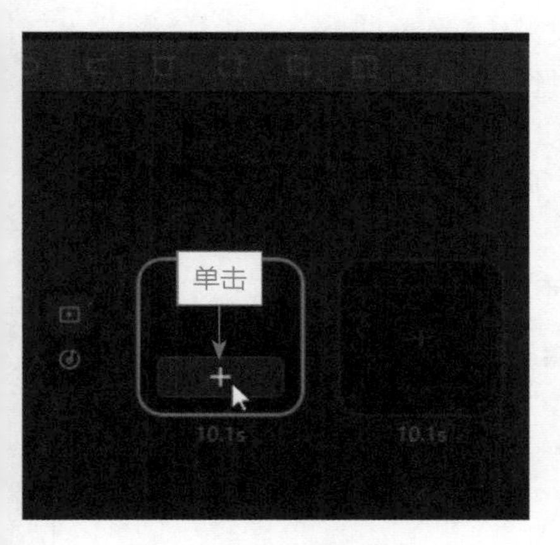

图 11.6 单击+按钮

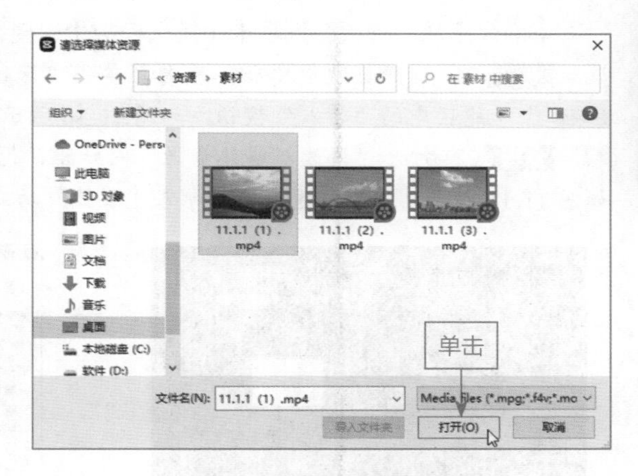

图 11.7 单击“打开”按钮

步骤 07 使用同样的方法导入剩下的两段素材。用户可以在“播放器”面板中查看生成的视频效果，如果觉得满意，单击界面右上角的“导出”按钮，如图 11.8 所示，将其导出即可。

图 11.8 单击“导出”按钮

扫码看教程

11.1.2 从“模板”选项卡中挑选模板生成视频

在视频编辑界面中可以先导入素材，再在“模板”功能区的“模板”选项卡中通过搜索挑选喜欢的视频模板并自动套用模板效果，效果如图 11.9 所示。

图 11.9 效果展示

下面介绍从“模板”选项卡中挑选模板生成视频的具体操作方法。

步骤 01 打开剪映电脑版，在首页单击“开始创作”按钮，进入视频编辑界面，单击“媒体”功能区中的“导入”按钮，如图 11.10 所示。

步骤 02 打开“请选择媒体资源”对话框，选择相应的视频素材，单击“打开”按钮，如图 11.11 所示，即可将视频素材导入“媒体”功能区。

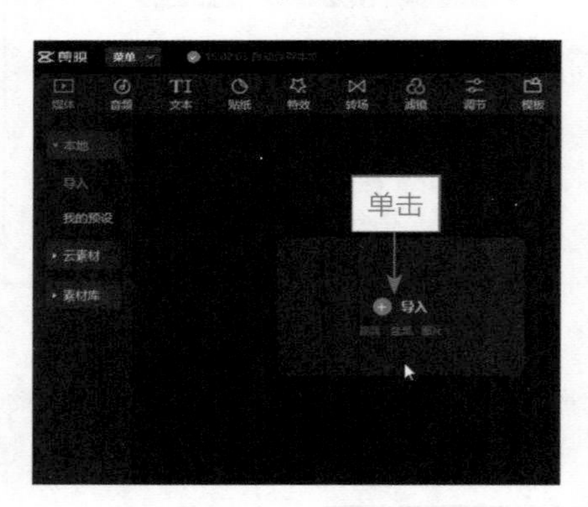

图 11.10 单击“导入”按钮

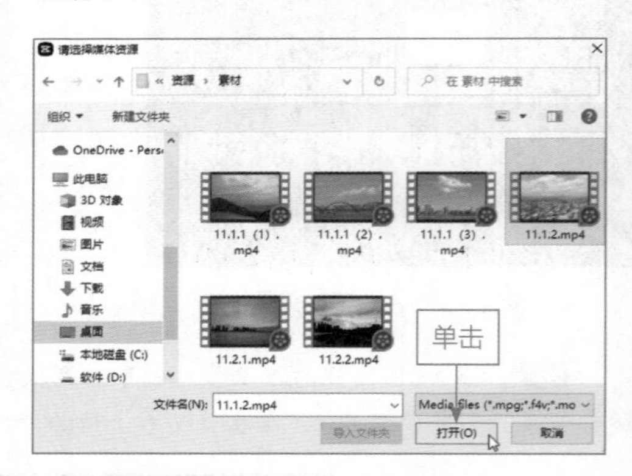

图 11.11 单击“打开”按钮

图 11.12 单击“添加到轨道”按钮（1）

步骤 03 切换至“模板”功能区，展开“模板”选项卡，在搜索框中输入模板关键词“旅行视频模板”，按 Enter 键即可进行搜索。设置“片段数量”为 1，在搜索结果中单击相应视频模板右下角的“添加到轨道”按钮，如图 11.12 所示，将视频模板添加到视频轨道中。

步骤 04 在视频轨道中单击视频缩略图上的“替换素材”按钮，如图 11.13 所示。

步骤 05 进入视频模板编辑界面，单击视频素材右下角的“添加到轨道”按钮，如图 11.14 所示，即可完成模板的套用。

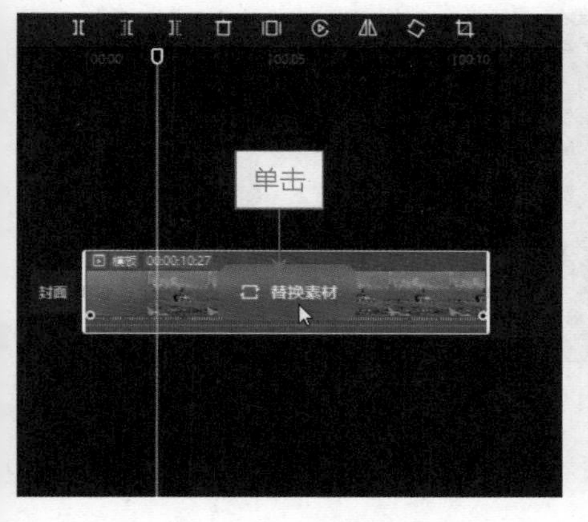

图 11.13　单击“替换素材”按钮

图 11.14　单击“添加到轨道”按钮（2）

11.2　添加素材包轻松完成编辑

素材包是剪映提供的一种局部模板，一个素材包通常包括特效、音频、文字和滤镜等素材。相比完整的视频模板，素材包模板的时长通常比较短，更适用于制作片头、片尾和为视频中的某个片段增加趣味性元素，让视频编辑变得更加智能，本节将为大家介绍这些功能的使用方法。

11.2.1　添加片头素材包

扫码看教程

剪映提供了多种类型的素材包，用户可以为素材添加一个片头素材包以快速制作出片头效果，如图 11.15 所示。

图 11.15　效果展示

下面介绍在剪映电脑版中添加片头素材包的具体操作方法。

步骤 01 在剪映电脑版中导入一段视频素材，将其导入视频轨道，如图 11.16 所示。

步骤 02 切换至“模板”功能区，展开“素材包”→“片头”选项卡，单击相应素材包右下角的“添加到轨道”按钮，如图 11.17 所示，为视频添加片头素材包。

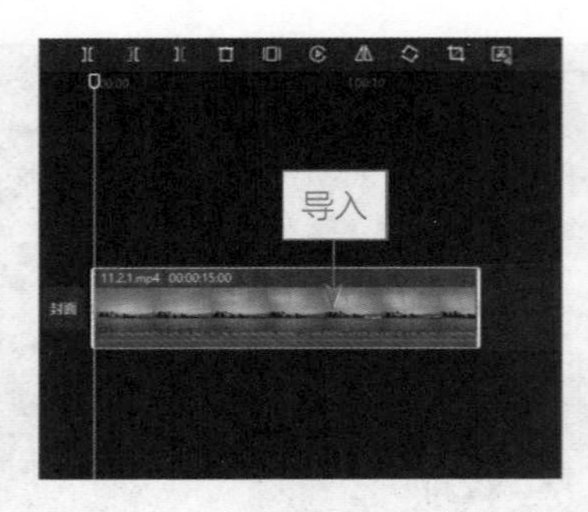

图 11.16　将素材导入视频轨道

图 11.17　单击“添加到轨道”按钮

步骤 03 在音频轨道上双击素材包自带的音乐，将其时长调整为与视频时长一致，如图 11.18 所示，完成片头效果的制作。

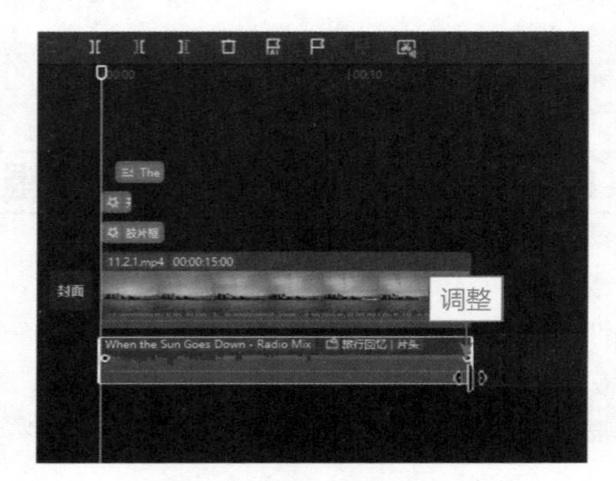

图 11.18　调整音乐的时长

温馨提示

素材包中的所有素材都是一个整体，用户在正常状态下只能进行整体的调整和删除。如果想单独对某一个素材进行调整，只需双击该素材即可。

11.2.2　添加片尾素材包

扫码看教程

当用户为视频添加片尾素材包之后，可以删除素材包中的某个素材并手动添加合适的同类素材，效果如图 11.19 所示。

图 11.19　效果展示

下面介绍在剪映电脑版中添加片尾素材包的具体操作方法。

步骤 01 将视频素材导入“媒体”功能区，单击视频素材右下角的“添加到轨道”按钮，如图 11.20 所示，将其添加到视频轨道中。

步骤 02 切换至“模板”功能区，展开“素材包”→“旅行”选项卡，单击相应素材包右下角的“添加到轨道”按钮，如图 11.21 所示，为视频添加片尾素材包。

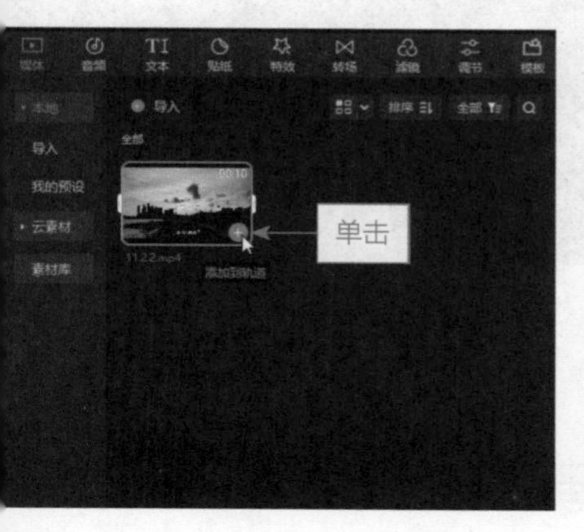

图 11.20 单击“添加到轨道”按钮（1）

图 11.21 单击“添加到轨道”按钮（2）

步骤 03 调整素材包的整体位置，使其结束位置对准视频的结束位置，如图 11.22 所示。

步骤 04 双击音效，即可选择素材包自带的音效，单击“删除”按钮，如图 11.23 所示，将其删除。

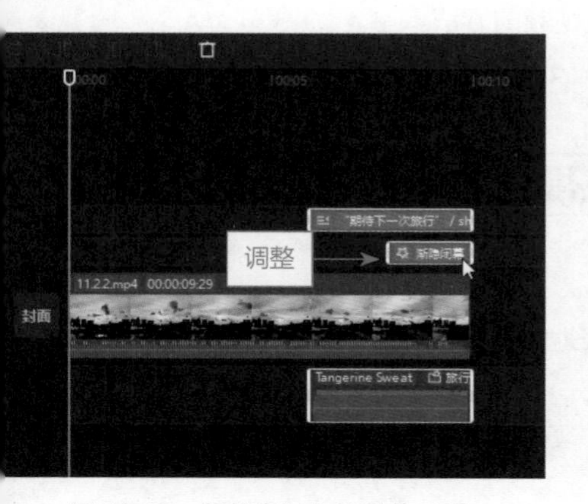

图 11.22 调整素材包的整体位置

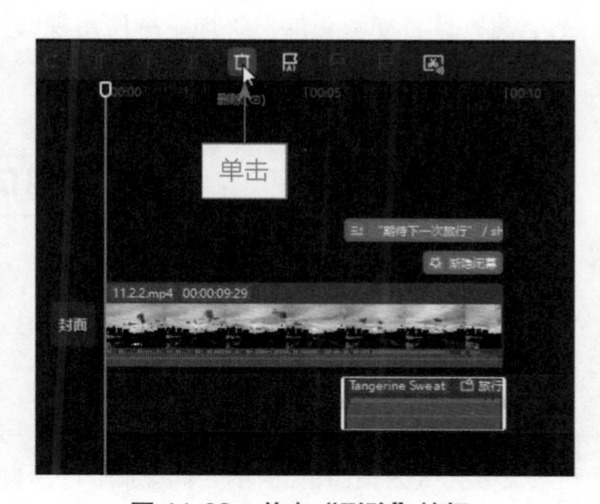

图 11.23 单击“删除”按钮

步骤 05 切换至“音频”功能区，在“音乐素材”→“旅行”选项卡中单击相应音乐右下角的“添加到轨道”按钮，如图 11.24 所示，为视频添加新的背景音乐。

步骤 06 拖曳时间轴至视频结束位置，单击“向右裁剪”按钮，如图 11.25 所示，即可自动分割并删除多余的音频片段。

图 11.24　单击“添加到轨道”按钮（3）

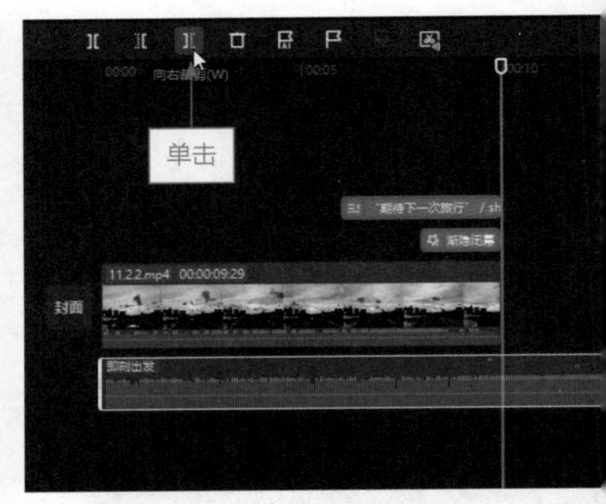

图 11.25　单击“向右裁剪”按钮

本章小结

本章向读者介绍了在剪映电脑版中使用“模板”功能生成视频的操作方法，包括从“模板”面板中挑选模板和从视频编辑界面的“模板”功能区的“模板”选项卡中挑选模板两种方法。另外，还介绍了添加素材包为视频添加效果并进行视频编辑的操作方法。通过对本章的学习，读者能够更加熟练地掌握使用视频生成视频的方法。

课后习题

鉴于本章知识的重要性，为了帮助读者更好地掌握所学知识，下面将通过课后习题，帮助读者进行简单的知识回顾和补充。

1. 使用剪映电脑版中的“图文成片”功能生成一段旅游视频。
2. 尝试为拍摄的旅游视频添加旅行素材包。